全国交通中等职业技术学校通用教材

QICHE YUNSHU ZHIYIE DAODE

汽车运输职业道德

(汽车驾驶、汽车维修、汽车维修与驾驶专业用)

郭庆德 主编
卢荣林 主审

人民交通出版社

内 容 提 要

本书是交通技工学校汽车驾驶、汽车维修、汽车维修与驾驶专业的公共课，是根据"汽车运输职业道德"课程教学计划与教学大纲编写的。主要内容包括：道德与职业道德、汽车驾驶员职业道德、汽车维修人员职业道德三章。

本书作为全国交通中等职业技术学校汽车驾驶、汽车维修、汽车维修与驾驶专业师生教学用书，亦可供汽车驾驶员、汽车维修工、汽车电工和培训学校(班)学员阅读参考。

图书在版编目（CIP）数据

汽车运输职业道德/郭庆德主编．－北京：人民交通出版社，1999．8

ISBN 7-114-03383-4

I．汽… II．郭… III．公路运输-交通运输业-职业道德 IV．F54

中国版本图书馆 CIP 数据核字（1999）第 21861 号

全国交通中等职业技术学校通用教材

汽车运输职业道德

(汽车驾驶、汽车维修、汽车维修与驾驶专业用)

郭庆德 主编 卢荣林 主审

责任印制：孙树田 版式设计：刘晓方 责任校对：尹 静

人民交通出版社出版发行

(100013 北京和平里东街 10 号)

各地新华书店经销

北京牛山世兴印刷厂印刷

开本：787×1092 1/16 印张：9．25 字数：219 千

1999 年 8 月 第 1 版

1999 年 8 月 第 1 版 第 1 次印刷

印数：0001—35000 册 定价：14．00 元

ISBN 7-114-03383-4

U·02428

交通技工学校汽车专业教材工作领导小组成员

组　长： 沈以华
成　员： 卢荣林　李祖平　梁恩忠

交通技工学校汽车专业教材编审委员会成员

主任委员： 卢荣林
副主任委员： 谭益德　李福来
委　　员： 张弟宁　丁丰荣　马步进　邵佳明
费建利　宣东升　魏自荣　张洪源
党继农　刘洪禧　窦永辉　张吉国
唐诗升　张朝志　葛成福　邹汉辉
张　援
秘　　书： 戴育红　卢文民

前　言

交通部于1987年成立“交通技工学校教材编审委员会”，并先后于1990年和1995年编写了第一轮、第二轮汽车驾驶、汽车修理2个专业的交通技工学校通用教材；1996年又编写了汽车电工、汽车钣金、汽车站务3个专业的交通技工学校通用教材，从此结束了交通技工学校汽车专业无自己教材的历史。同时也为社会各层次(职业高中、中专、职业学校)教学和培训提供了服务。统计表明：社会使用量占教材总数的75%，创造了很大的社会效益。

改革开放以来，汽车工业发展迅速，汽车的新技术和新工艺更新加快，这就对培养21世纪社会经济发展和交通现代化建设需要的汽车专业人才提出了更高的要求。为此，1997年3月成立了“第三轮交通技工学校汽车专业教材编审委员会”(以下简称“教材编审委员会”)。“教材编审委员会”在邓小平理论指导下，积极研究与探索教学改革和教材改革方向，坚持知识、能力、素质协调发展和综合提高的原则，吸收了发达国家汽车职业教育和培训的先进经验，加强实践教学，首次实施理论与实践一体化教学的新模式。按照1998年4月原交通部教育司颁发的《交通技工学校教学文件》中有关专业的教学计划和教学大纲要求和《交通部教材编审、出版试行办法》的规定，编写了第三轮汽车驾驶、汽车维修、汽车维修与驾驶3个专业的交通技工学校通用教材。分别为：《汽车运输职业道德》、《计算机应用基础》、《机械识图》、《汽车材料》、《钳工工艺》、《汽车构造》、《汽车电气设备》、《汽车故障诊断与检测技术》、《现代汽车技术》、《汽车交通安全与营运知识》、《汽车驾驶》、《汽车维修》以及与之相配套的“习题库及习题解”。本轮教材具有以下特点：

1. 专业适应性增强

主要专业教材具有模块式结构形式。凡汽车类专业，不管是单一型专业还是复合型专业，不同专业、不同教学层次都可以据情选配，增强了教学适应性；拓宽了毕业生的就业渠道。

2. 实践教学更加突出

各专业教材的实践性内容有所加强，技能操作提到更高台阶，理实一体化的教材使实践教学课堂化、课题化、一体化。教材的实践教学与理论教学的比例达到7:3。

3. 选用车型符合国情现状

教材选用的车型由以往的货车为主拓展到货车、轿车并重。其中的货车以解放CA1092、东风EQ1092、解放CA1091K8(柴)、东风HZ1110G(柴)等新车型为主体；轿车以桑塔纳和夏利等车型为主体；适当介绍国外汽车，兼顾了国内产业和教学二者的现状。

4. 课程结构更趋合理

课程设置由第二轮教材的14门课程缩减为第三轮的12门课程。为适应社会主义市场经济和汽车工业的发展，新增《计算机应用基础》、《现代汽车技术》课程；新增“汽车检测技术”内容，并与原“汽车故障诊断”内容合并为《汽车故障诊断与检测技术》课程；原《汽车交通安全》与《汽车运输管理知识》合并为《汽车交通安全与营运知识》课程；将“维护”内容从原《汽车维护与故障排除》中分离出来，与原《汽车修理工艺》合并为《汽车维修》课程；在《汽车电气设备》课程中增补和充实了“电工基础”等理论知识。

5. 课程内容兼顾技术等级考核

针对国家劳动主管部门规定施行的“双证制”制度，技工学校学生必须通过相应的技术等级考核、取得技术等级证书才能毕业。为此，本轮教材注意了教学内容的深度、广度与相应的技术等级考核相吻合。

6. 教材与作业、题库配套

本轮教材在第二轮教材的基础上，强化系列配套功能，各课程均编写了“习题集及答案”，并汇编成题库和题解。供学生做作业和练习时使用，是学生阶段复习的有效工具，也可为命题提供参考。

7. 图文并茂，通俗易懂

教材增加了插图数量，采用实物立体图和解体图，减少文字篇幅，图文配合；文字叙述流畅、通俗易懂，便于学生自学掌握。

本轮教材具有技工学校教学特色，同时也可作为职业高中、职业学校等学校的教材使用。学生通过学习能够构建起可适应终身教育及社会发展变化需要的知识、能力结构和基本素质。

本书是根据“汽车运输职业道德”教学计划与教学大纲编写的，是汽车驾驶、汽车维修、汽车维修与驾驶 3 个专业的专业课。内容包括道德与职业道德、汽车驾驶员职业道德、汽车维修人员职业道德三章。

本书由山东潍坊技工学校郭庆德高级讲师担任主编（编写第二章第五节、第三章第三节），由本教材编审委员会主任委员卢荣林担任主审。编写成员和分工为：本教材编审委员会秘书戴育红编写第一章，山东潍坊技工学校肖尧二级实习指导教师编写第二章第一节至第四节和第六节，第三章第一、二节和第四至第六节由山东潍坊技工学校李建军高级讲师编写。

本轮教材由卢荣林高级讲师担任责任编委。

本轮教材在编写时，得到很多交通技工学校、职业学校、科研部门、工厂企业的支持和帮助，并提出不少宝贵意见，在此特致诚挚的谢意。由于时间仓促，加之编者水平有限，定有缺点和错误，诚望读者批评指正。

交通技工学校汽车专业教材编审委员会

1999 年 4 月

目　录

第一章　道德与职业道德

道德、职业道德和社会公德、婚姻家庭道德一起构成社会道德体系。职业道德作为整个社会道德体系的有机组成部分，作为人类职业活动中的道德现象，有其产生、形成和发展的历史过程。随着社会分工和社会生产力发展而产生的汽车运输职业道德也呈现出其一定的规律性。

第一节　汽车运输职业道德

一、道德的概念、起源、发展、本质、特征

1. 道德

道德是一种社会意识，是指人类现实生活中，由经济基础决定，用好坏、善恶、荣辱标准去评价，依靠社会舆论、传统习惯和内心信念来实现的调节人们之间相互关系的社会行为规范的总和。

道德是一种社会行为规范，它包含3层意思：

(1)道德是调整个人与个人、个人与集体、个人与社会之间关系的行为规范，它规定了人们在社会关系中"应该怎样做"、"不应该怎样做"的规则和标准。

(2)道德对人们行为的调整不是依靠法律条文和行政命令，而是依靠人的内心信念、传统习惯和社会舆论的力量。

(3)道德不是以罪与非罪来评价人们的行为，而是以善恶、好坏、正义与非正义、荣誉与耻辱等观点来评价人们的行为。一个人的行为符合一定社会的道德规范，就被称为是善的、好的、正义的，受到社会舆论的赞扬，视之为荣；一个人的行为违背了一定社会的道德规范，就是恶的、坏的、非正义的，会受到社会舆论的谴责，视之为耻。

在人类社会的发展过程中，人作为一个个体，是无法正常生活、生存的。人是靠左右两个人相互支撑着而形成了一个大写的"人"字，这就是"人"字的象形解说。个人只有汇入社会群体之中，才能发挥其特有的作用，这就是人的社会性。在人类社会中，道德规范和准则是应人们社会生活的客观需要而产生，是社会存在决定了社会意识。

2. 道德的起源及其发展

道德作为一种上层建筑和意识形态现象，是由人们的物质生活条件决定的，是社会存在的反映。只有在社会中，在发生个人利益和集体利益关系的时候，只有当人脱离了动物界并意识到这种关系时，才会出现道德。道德是人类在生产劳动以及在由劳动而带来的全部社会交往中产生的，是不以人的意志为转移的。社会关系是道德形成的客观条件，意识是道德形成的主观条件，劳动在道德形成的主观条件中起到了决定性的作用。

劳动创造了人，也创造了人的社会关系和社会意识。由于劳动，类人猿脱离了动物界，开始了社会生活，逐步形成社会意识。一定的社会意识是一定的社会经济基础的反映。恩格斯

指出:“人们自觉地或不自觉地,归根到底是从他们经济地位所依据的实际关系中——从他们进行生产和交换的实际关系中,吸取自己的道德观念。”道德起源于原始社会,经历了奴隶社会、封建社会、资本主义社会到今天的社会主义社会。由于社会的经济基础及制度不同,便产生了与之相适应的社会道德标准。

在原始社会里,人们凭借简陋的生产工具,依靠群体的力量,互相协作,共同向猛兽和自然界搏斗,猎取兽类或采集果实,平均分配,共同消费。由于生产力水平极为低下,劳动果实是人们赖以生存的唯一需求,没有任何剩余产品,没有私有制,没有阶级和剥削。原始社会的经济基础决定了团结互助、勤劳勇敢、诚实无私等人们共同遵守的道德规范。同样,正因为劳动生产力极其低下,加之人们刚从动物界进化过来,还残存着一些类似动物的痕迹,人们往往为了求得部落的生存和延续,残忍地杀死老、弱、病、残者,甚至血缘仇杀。这些行为,我们今天看来是野蛮的,不道德的,而在当时的原始人看来,不违背道德原则,是正常行为,是和它的生产关系相适应的。

奴隶社会是人类历史上第一个阶级社会。由于生产力的发展,劳动的果实有了剩余,社会出现劳动分工和产品交换,私有制便应运而生。奴隶主在占有生产资料、剩余产品的同时,占有奴隶本身。奴隶主把奴隶看成是会说话的工具,是一种活的能随意打骂、驱使和贩卖的财产。在奴隶主看来,“奴隶最卑贱”、“劳动最可耻”。奴隶主自己从来不劳动,但为了满足自己贪婪的欲望,强迫奴隶在皮鞭下从事非人的劳动。更有甚者,有的奴隶还是奴隶主死后的殉葬品。如在已发掘的我国商代的一个殷墟中,发现有大量的奴隶作为祭品,这种人祭人的制度一直延续到西周。这就是维护奴隶对奴隶主的绝对服从和人生依附关系的奴隶社会道德的基本原则。与此同时,面对奴隶主的奴役、压迫,产生和形成了奴隶反抗奴役、逃跑、暴动、团结互助、勤劳勇敢的道德标准。

封建社会的道德是封建主义生产关系的产物。在封建主义制度下,地主阶级占有生产资料,不完全地占有农民或农奴,这种经济关系反映在政治上,就是封建等级制度和专制主义统治。地主阶级为了维护本阶级的统治和政治利益,制订了一套严整而复杂的道德基本原则。在封建社会里,人分等级,皇帝是至高无上的,他可以随心所欲地给你封官加薪。统治阶级所提倡的“三纲五常”、“三从四德”、“忠顺”等,人人必须无条件地服从,若稍有不顺,即可处以各种刑法,直至处死。这种等级特权观念就成了封建道德的基本特征。与封建统治阶级相对立的农民阶级,反对封建宗法礼教、等级制度,要求社会平等,提出“等贵贱、均贫富”的口号,这就是农民道德的基本特征。农民艰苦朴素、勤劳节约,形成了“天下穷人是一家”、“穷帮穷,苟富贵,毋相忘”等纯朴的相互关心的道德观念。

在资本主义社会,资产阶级打破了封建的宗法等级专制制度,建立了资本主义的生产关系,即资产阶级占有生产资料,通过剥削工人创造的剩余价值而发财致富,工人依靠出卖劳动力来勉强维持生存。这种新的生产关系在历史发展中有其固有的历史进步性,但却更加露骨地反映了剥削阶级的阶级本性。“凡是资产阶级已经取得统治的地方,它就把所有封建的、宗法的和纯朴的关系统统破坏掉。”它无情地斩断了那些使人依附于“天然的尊长”的封建羁绊,它使人与人之间除了赤裸裸的利害关系外,再也找不到任何别的联系了。这就是资产阶级道德的基本原则——极端个人主义和利己主义的生动概括。

资产阶级极端利己主义的道德原则表现在意识上,表现在人与人的关系上,就是赤裸裸的“金钱交易”。在金钱万能的思想指导下,人的劳动、一切人的尊严都变成商品,有了交换价值。资产阶级鼓吹“民主、自由、平等、博爱”,是资产阶级社会自由贸易、自由竞争中的一种温情脉脉的面纱,这面纱不仅有其特有的虚伪性、欺骗性,更有纯粹金钱交易的掠夺性。资产阶级信奉“人人为自己,上帝为大家”、“人不为己,天诛地灭”的道德信条。

与资产阶级道德相对立的是工人阶级的道德。工人阶级的道德是由工人阶级在资本主义社会的经济关系中所处的地位以及长期与资产阶级斗争中形成和发展起来的。社会化大生产要求广大工人密切合作,协同生产,这就客观上培养和形成了无产阶级高度的组织性和纪律性的美德,广大工人阶级团结奋斗,大公无私,英勇顽强。随着马克思主义的产生和无产阶级革命运动的兴起,无产阶级的道德发展成为共产主义道德。社会主义公有制的建立,无产阶级由被剥削者变成了主人,无产阶级的共产主义道德作为人类历史上崭新的道德必将不断地发展和完善。

从道德演变的历史过程可以看出,道德的产生和发展始终与一定的社会经济相联系。伴随着社会经济关系的变化发展,逐步从低级向高级发展,并产生了人类历史上最崇高的共产主义道德,这是人类道德发展的普遍规律。

3. 道德的本质

道德是一种社会意识形态,不仅道德的规范、准则属于意识形态,而且人们之间的道德关系与道德活动也是在一定道德观念支配下建立起来和进行下去的。从整个社会的结构来考察,道德的本质只能从社会物质生活条件和生产关系中去探求。马克思主义依据辩证唯物主义和历史唯物主义的基本原理,研究了道德产生、发展的历史以及现实社会中的道德状况,认为道德作为上层建筑中的意识形态,它是由一定的社会经济基础,即生产关系的总和决定的特殊的社会意识形态,它反过来对经济基础起反作用(巩固或延缓)。在阶级社会里,道德是有阶级性的,不同的阶级有不同的道德原则和规范。这是马克思主义关于道德本质的基本观点。

道德的本质属性具体表现为:

(1)社会经济关系性质和内容决定着道德体系的性质和内容。人类社会的存在离不开物质资料的生产,要生产就必须结成一定的生产关系,因而就必然形成个人与个人、个人与群体之间的各种社会关系和矛盾,产生如何看待这些关系、解决这些矛盾的态度和行为,进而产生了调整人与人之间道德关系的行为规范。历史上出现的各种道德体系,都是由社会经济关系所决定的利益中引申出来的,社会经济关系的性质和内容决定着道德体系和内容。例如,以社会主义公有制为主导的经济关系要求集体主义的道德原则和以“五爱”(爱祖国、爱人民、爱劳动、爱科学、爱社会主义)为主要内容的道德规范与之相适应。

(2)社会经济关系的变化必然引起道德的变化。永恒不变的适用于一切社会、一切阶级的道德体系是不存在的。社会的道德观念在历史进程中是不断发展变化的,有什么样的经济关系,就有什么样的社会道德,经济关系的变化必然引起道德的变化。在人类历史上,社会经济有两种最基本的类型,一种是以生产资料公有制为基础的经济结构;另一种是以生产资料私有制为基础的经济结构。随着历史的发展,这两种最基本的经济结构又表现为不同的历史形态,由它们决定的社会道德,也依次呈现出不同的历史类型。即使在同一社会形态里,由于社会经济关系的不同,其道德观念亦不尽相同。如我国现行的经济体制中,同时存在着全民、集体、个体、独资、中外合资、股份合作等各种经济形式,各个不同的经济关系都有各自相适应的道德观念和职业道德观念。人类道德的发展史,就是道德随社会关系的变化发展而不断变化发展的历史。

(3)道德作为一种有阶级性的社会意识形态,对社会生产力有促进或阻碍作用。人们在社会经济关系中的不同地位,决定了他们的道德在社会中的不同地位。在阶级社会中,有的阶级道德居于支配地位,对人们的行为起着重要的支配和调节作用,甚至决定整个特定历史时代的道德面貌;有的阶级道德则总是受到压抑和排斥,无法很好地调节社会道德生活,其根本原因就在于它们所服务的阶级在社会经济关系中居于被支配的地位。恩格斯在谈到道德的阶级作用时曾精辟地指出:"它或者为统治阶级的统治和利益辩护,或者当被压迫阶级变得足够大时,代表被压迫者对这个统治的反抗和未来的利益。"一切进步的道德,代表广大人民利益的道德,总是不同程度地对生产力的发展起着促进作用,而一切腐朽、没落的道德则对生产力的发展起着这样或那样的阻碍作用。道德对生产力的影响,主要是通过人的精神状态来实现的。在社会生产力中,人(劳动者)是最重要的因素,而人的行动总是受思想的支配。因此,人们的精神状态和道德面貌,就必然要对人们的劳动态度以至工作效率发生影响,从而影响生产力的发展。

4. 道德的特征

道德和其他社会意识形态相比较,除了具有相对的独立性、对社会存在具有能动作用、具有阶级性和继承性之外,还具有自身的特征。

(1)规范性。在意识形态领域里,哲学运用概念、规律、逻辑的形式来反映客观世界;宗教运用对偶像的崇拜、信仰,运用虚幻、颠倒的方式来反映世界;艺术运用夸张、生动、感人的典型形象来再现世界;道德是通过行为规范的特殊形式来反映世界,调整和指导人们的行为。规范性是道德的重要特征。无论道德评价、道德教育还是道德修养,实质上都是要求人们按照一定的道德规范来支配和约束自己的行为。

(2)利他性。凡是道德的行为都是直接或间接地对人对社会有益的行为。就是资产阶级在宣扬利己主义的时候,道德的说明所要求的是"合理的利己主义",是照顾他人利益的利己主义。虽然资产阶级这样讲是十分虚伪的,理论与实践是脱节的,然而,他们至少在理论上是承认社会利益和公共利益的。与利他性相联系,凡是有益于他人和社会的行为,一般说来总是要求行为者作出必要的节制或牺牲。"道德的基础不是对个人幸福的追求,而是对整体的幸福,即对部落、民族、阶级、人类的幸福的追求,这种愿望和利己主义毫无共同之点,相反地,它总是要以或多或少的自我牺牲为前提。"(《普列汉诺夫著作选集》第一卷第550页~551页。)因此,提倡利他与自我节制、自我牺牲是道德精神的独特表现。

(3)自觉性。道德作为一种社会意识,是一种精神支柱。在实际生活中,人们所做出的每一个道德行为,受到道德观念、道德情感的支配,把道德观念、道德情感化为道德行为的知行一致的过程,不是外界强加的,完全是自觉完成的。人们只有自觉地修养道德,陶冶情操,净化心灵,出于高度自觉的道德责任感时,才称得上是真正道德的行为,才能努力使自己成为"一个高尚的人,一个纯粹的人,一个有道德的人,一个脱离了低级趣味的人,一个有益于人民的人。"

(4)稳定性。道德主要沉淀于人们的内心,与传统习惯紧密相联,旧的生产关系被打破,赖以生存的经济基础变更了,旧的道德意识绝不会随之消失,而会长期保留,甚至一遇合适的环境条件,还会滋生漫延,表现其较强的稳定性。这种稳定性还可以体现出它对社会作用力的持久性,对社会起稳定作用。另一方面是这种稳定性表现出改变旧道德观念的艰巨性。正是由于这种稳定性和艰巨性,在当前社会主义市场经济正在建立时,要建立与市场经济相适应的道德体系,具有艰巨性、复杂性和长期性。

(5)社会性。道德与人类社会共存亡。有人类社会交往,就有调节人与人、人与社会关系的道德存在。因此,它遍及社会各个领域,可以说它渗透于政治、经济、文化、军事、宗教各种社会关系中,广泛干预人们的社会生活。从调节作用的表现形式看,道德用个人的自觉行为来调节社会各种关系，这种广泛性从社会生活的不同侧面分，有职业道德、家庭道德、社会公共生活准则等等。多层次、多门类的道德规范，反映道德在人们生活中无处不在、无处不有的广泛的社会性。道德是传统的伦理文化，不是高深的学问，是出于人们内心的意愿去实践，人人应当遵守的道理，亦是人类社会所公认合乎理法的行为。它所代表的是一种良好的教养和自觉自律的习尚。

5. 社会主义道德

1)社会主义道德的基本原则

社会主义制度的建立为道德的发展开拓了广阔的前景，也为充分发挥道德的作用创造了有利的条件。社会主义道德是随着近代工业无产阶级的产生而形成的一种新型道德，是在批判地继承历史上优秀的道德传统的基础上发展起来的，是建立在社会主义生产资料公有制基础上的道德形态。它反映了社会发展的规律，代表了工人阶级和全体劳动人民的利益，既渊源于中华民族的优秀道德传统，又根植于中国特色社会主义的道德实践，具有鲜明的时代特性，从而成为最有发展前途的道德。社会主义道德是在社会主义基本思想指导下，依靠社会舆论及人们的内心信念来沟通个人与个人之间、个人与社会之间利益关系的行为准则。是评价人们思想行为善恶、荣辱的标准。

社会主义道德的主要规范是爱祖国、爱人民、爱劳动、爱科学、爱社会主义。社会主义道德的基本原则是集体主义。它的基本要求是，从劳动人民的利益出发，坚持集体利益高于个人利益，个人利益服从集体利益的原则。同时，在维护集体利益的前提下，保证个人的正当利益，把集体利益和个人利益正确地结合。这是人类历史上第一次对个人利益与社会利益的矛盾得出的科学的认识。集体主义道德原则的这一实质，决定了集体主义是一种以科学世界观为基础的高尚的道德精神。在社会市场经济中，无论是全民的、集体的，还是个体的、独资的、合资的、股份合作的经济体制形式，都必须遵循社会主义道德规范和基本原则。

2)社会主义道德的本质

本质是事物的根本属性，是事物各要素内在的必然联系。我们可以从社会主义道德的定义中看出其本质。

(1)社会主义道德是建立在以生产资料公有制为主体基础上的道德形态，是人类历史发展至今最进步、最高尚、最科学的道德。它继承了历史上劳动人民的优秀道德传统，以马克思主义的世界观作为自己的理论基础，并在社会实践中得到了进一步的检验和发展，维护了社会主义人与人之间平等、互助、互利的新型关系。

(2)社会主义道德以国家利益、集体利益、个人利益三者最紧密结合的集体主义为社会主义道德的基本本质。在社会主义社会中，由于种种原因，还存在着大量的人民内部矛盾，这些矛盾不能简单地用政治、法律的强制手段去解决，更多地应提倡发扬共产主义风格，在自觉的基础上进行合理的调整，在劳动者之间建立起同志式的互相合作关系，促进社会劳动生产率的提高。

3)集体主义原则的基本要求

(1)社会主义道德的基本原则。无产阶级集体主义的基本出发点认为，无产阶级的劳动人民的根本利益即集体利益高于个人利益。当集体利益和个人利益发生矛盾时，个人利益必须无条件地服从集体利益。同样，眼前利益应服从长远利益，局部利益应服从全局利益。这是以生产资料公有制为基础的社会主义事业发展的客观要求，它要求工人阶级具有高度的组织性、纪律性。对于一个共产主义者来说“党的利益高于一切”，这就是共产主义道德的最高原则。

在社会主义条件下，经济体制改革并不是改变社会生产资料公有制的性质，而是为了使生产关系更加适应生产力的发展，使社会主义的优越性得到更充分的发挥，使社会主义公有制更加巩固，这就要求在意识形态上的集体主义思想与之相适应。改革开放坚持走共同富裕的道路，这正是贯彻了集体主义原则的根本要求。允许一部分人、一部分地区通过正当发展先富起来，只不过是通过量的积累逐步达到共同富裕的质的飞跃的途径。集体主义并不否认个人利益的存在和发展，承认个人利益并不是对集体主义的否定。个人是集体中的一分子，集体是个人的汇合，两者是不可分割的整体。国家集体利益的发展，归根结蒂是为了满足人民的物质生活的需要。在坚持国家、集体利益高于个人利益的前提下，关心鼓励个人利益的发展，并为个人利益的满足和实现创造条件，提供政策上的优惠，这正是集体主义的基本要求和具体表现之一。

市场经济普遍通行的物质利益原则，特别是等价交换原则，使得人与人之间的关系，首先表现为市场关系和交换关系，在社会成员之间特别是商品生产之间必然形成利益主体多元化，并产生以追求个人利益或以团体为特征的功利意识。但是，这种经济关系只是社会关系体系中的一个方面，而不是它的全部。社会还有自己的整体，还有超越于市场之上，并通过整体利益表现出来的每个社会成员之间休戚与共的一致性利益关系。

社会主义市场经济以生产资料公有制为主体，以共同富裕为最终目标，因而它所体现的社会利益的整体性更强，覆盖面更大，对个人利益的包容程度和支配程度更高。在多种经济形式并存，利益主体多元化，并且允许一部分人先富起来的情况下，不同利益主体之间的发展和竞争，使个人利益和国家利益、集体利益之间的界限更加明显，这就更加需要用集体主义原则来调节个人、集体、国家之间的利益关系，鼓励人们发扬三者利益相结合的集体主义精神，发扬顾全大局、诚实守信、互助友爱、扶贫帮困的精神，反对一切假公济私、损公肥私、以权谋私、金钱至上、欺诈勒索的思想行为。

(2)以“五爱”为特征的社会主义道德规范的基本要求。社会主义道德规范不是人们主观臆造出来的，它是建设社会主义过程中所体现出来的客观要求。《中共中央关于社会主义精神文明建设指导方针的决议》中指出：“社会主义道德建设的基本要求，是爱祖国，爱人民，爱劳动，爱科学，爱社会主义。”“五爱”是我国每个公民起码的道德要求，也是社会主义道德的主要规范。

①爱祖国。作为道德规范，要求人们热爱自己的祖国，认清并承担对祖国的义务和责任，为祖国的统一和富强而作出应有的贡献。作为一种道德情感，正如列宁概括的“爱国主义就是千百年来巩固起来的对自己祖国的一种道德情感。”这种感情包括热爱自己的祖国和民族，坚持祖国利益高于一切，自觉维护祖国的独立、完整、统一和尊严，要有民族自尊心和民族自信心，关心祖国的前途和命运，为祖国的繁荣富强贡献自己的一切，热爱优秀的民族传统和文化语言。中华民族的爱国主义传统，是在我国悠久的历史文化基础上，在五千年的艰苦斗争中产生和发展起来的。它作为一种伟大的凝聚力和向心力，使中华民族经受了各种艰难困苦，成为推动我国社会历史前进的一种巨大力量。

②爱人民。“人民，只有人民才是创造世界历史的动力。”爱人民，全心全意为人民服务，是我们社会主义国家人与人之间相处的最基本的道德情感和道德规范。全心全意为人民服务的道德意义，就是对工作极端的负责，对同志对人民极端的热忱，从人民的利益出发，尊重、关心、爱护和帮助同志，和坏人坏事及错误倾向作坚决的斗争。

③爱劳动。劳动创造了人类。高尔基说：“我们世界上最美好的东西，都是由劳动，由人的

聪明的手创造出来的。”劳动是人世间一切欢乐的源泉。近代思想家提出的“劳工神圣”的口号成了时代的最强音。在社会主义社会里,劳动的性质及人们对劳动态度的认识发生了根本变化,劳动获得了巨大的道德意义和社会价值。随着社会主义的发展,有目的、自觉自愿的劳动将越来越成为人们全面发展的途径,成为人们生活的第一需要。不劳动是可耻的,甚至是最大的犯罪。在社会主义的初级阶段,由于千百年来形成的轻视劳动的旧传统道德观念的影响,劳动生产力还不发达,在分配上实行按劳分配原则,人们还不可能将劳动作为一种享受,但应该自觉地投入到社会主义劳动中去,为祖国的社会主义物质文明和精神文明建设服务。

④爱科学。科学是关于自然、社会、思维的知识体系。科学和真理在形式上都属于知识范畴,在内容上都是对客观事物及规律的正确反映。科学知识是提高人们的道德认识,增强人们行为选择的自觉性,形成良好道德风尚的重要基础。科学技术是第一生产力。当今世界科学技术发展突飞猛进,我们应当勇于开拓,勇于创新,学好科学知识,在建设祖国的进程中做出贡献。

⑤爱社会主义。爱社会主义必须清醒地认识到“只有社会主义才能救中国”。中国走社会主义道路是历史发展的选择。是用鲜血和生命论证的颠扑不破的真理。当今我国正进行着社会主义经济体制改革,“爱社会主义”要求我们不能只停留在口头上,要投身到改革的大潮中去,为建设有中国特色的社会主义出力。

二、道德与法的关系

1. 法的概念

法是指体现统治阶级意志,由国家制定或认可,并以国家强制力保证实施的行为规范的总和。国家制定是指具有一定的立法程序。国家认可是指认可的,但未有起草小组等立法程序,如传统的尊老爱幼。对社会、国家有利的,国家认可即成法。国家强制力是指军队、警察。行为规范是指有“法”约束的法律规范,也叫行为规则。它包括技术规范和社会规范。处理人与自然之间关系的称技术规范,如森林法。处理人与人之间关系的称社会规范,如未成年人保护法。两者的总和,也称广义的法律。

2. 我国“法”的形式

(1)宪法。宪法是国家的根本法。具有最高的法律效力,是其他立法工作的根据。通常规定一个国家的社会制度、国家制度、国家机构和公民的基本权利与义务等,是统治阶级意志的表现和阶级专政的工具。

(2)法律。由全国人民代表大会常务委员会制定。法的效力仅次于宪法,高于行政法规和地方性法规。

(3)行政法规。由国务院及其所属部、委在其职权范围内,根据宪法、法律制定。其效力低于宪法、法律,高于地方性法规。

(4)地方性法规。由省、自治区、直辖市人民代表大会及其常务委员会根据宪法、法律、行政法规结合本地区实际情况制定。仅在本地区实施。

法律的实施是依靠统治阶级的力量强制实施的,如宪法、刑法、经济法、婚姻法等。在法律的前提下,又产生了许多法规,如交通法规等等。法规的实施是凭借行政措施,是组织管理科学化、规范化的体现,带有一定的强制性。

3. 道德与法的关系

法律对于人们违反道德规范的态度和行为要进行干涉,这种干涉只有当这种态度和行为直接触犯了统治阶级的社会秩序时,法律才进行干涉。这就是说,人们违反道德规范的态度和行为超过了一定的度,使事物由量变到质变时,法律就要进行干涉。如在市场经济开放的今天,我们时常会发现一些假冒伪劣产品,在一般情况下,人们普遍地会从道德角度谴责这种行为。但一旦假劣产品超过了一定的度,如以工业用酒精冒充白酒销售,危害人命,这时法律就会毫不犹豫地予以干涉、制裁。

道德对于人们的态度和行为的干涉范围要广得多。在社会生活中,有些现象虽未触犯法律,但就道德方面来说,要求当事人在对他人或社会整体履行义务时,要自觉地做出必要的节制和或多或少的自我牺牲,如尊老爱幼、赡养老人等,否则,人们会利用、凭借社会舆论及各种方式予以严厉谴责。如上海市某区税务局长在乘坐轿车途中,路遇群众拦车要求救护因车祸受重伤的中学生,该局长与司机却漠然置之,当即受到群众的强烈谴责,电视台及时予以报道。经调查,区、市纪委党组对乘车途遇伤员能救不救的党员干部给予留党察看一年、撤消区税务分局副局长职务的党纪和政纪处分;给予驾驶员党内严重警告处分。两人承认自己的行为违背了社会主义道德,损害了干部的形象,接受组织处分。

在我们社会主义国家里,道德就其广泛的社会性来讲,其涉及的范围是法律远所不及的。道德与法之间的关系有一个量变到质变的关系,受到道德谴责的,法律不一定干预;受到法律干预的,必定受到道德的谴责。

三、职业道德的形成及特征

1. 职业、职业道德

职业通常是指人们由于特定的社会分工而长期从事的具有专门业务和特定职责,并以此作为主要生活来源的社会活动。

职业作为一种社会现象不是从来就有的,它是社会分工及其发展的结果。在漫长的原始社会里,人类的劳动最早只有按男女性别分工,男的去打猎、捕鱼,女的采摘果实、挖掘茎块,所以不存在职业。到原始社会末期,出现了最初的社会大分工,农业、畜牧业和手工业开始成为专门职业。此后,随着生产力的发展,社会分工越来越细,职业也就越来越多,远远超过了人们所说的三百六十行。近年来,随着科学技术的发展,又涌现出不少新的职业,如科学咨询、信息传递、家政服务等等,人们通过各种职业活动来满足各方面的需要。

一个人成年之后就要走向社会,对社会承担一定的职责,并从事某一种专业活动,为社会服务,这就是人的职业活动和职业实践。在职业活动中,由于人们从事着不同的职业实践,承担着不同的职业责任,因而产生了各自的职业利益和需要,形成了因行业不同而产生的职业联系和职业关系。如本职业内部的关系、职业人员与服务对象的关系、各种职业之间的关系以及职业与社会之间的关系等等。为了处理好这些关系,为了保障职业活动以及整个社会生活能够正常进行,就需要有一些各种职业人员都应该遵守的行为规范和准则。于是,职业道德就应运而生了。

职业道德是指从事一定职业的人们,在一定职业活动中所应遵循的带有自身职业特征的道德准则和行为规范。职业道德既是对本行业人员在职业活动中的行为要求,同时又是行业对社会所承担的道德责任和义务。由于人们的职业不同,在特定的职业活动中形成了各自特殊的职业关系、职业利益、职业义务、职业活动范围和方式,因此,他们所遵循的职业道德行为规范都带有各自的职业特点要求。有多少种职业,就有多少种职业道德。随着社会分工越来越细,相应的职业道德也日益增多并更加完善,这是社会发展进步的反映。

在任何历史时期，职业道德都是当时社会或阶级的道德在各种职业活动中的特殊表达和具体贯彻，或者说是当时社会或阶级的道德，结合人们所从事的不同职业活动的传统和特点，而对行为调节的具体领域。道德和职业道德是相互联系的。道德是职业道德的基础，职业道德是道德在职业活动中的个体表现。道德遍及每一个国家、民族、阶级、家庭、行业和一切有人群的地方，而职业道德仅限于职业领域之中。职业道德是道德的重要组成部分，遵循和维护职业道德是人们道德高尚的重要表现。在现代社会，人们道德品质的形成，总是要在各种职业活动中进一步培养和训练，并通过职业活动而不断提高。

2. 职业道德特征

1)稳定性和连续性

职业道德作为一种意识形态，要受社会经济关系的制约，随着经济关系的变化而变化，并且每一历史时期的职业道德又要受该时期占统治地位的阶级道德的影响，这是职业道德历史发展过程中所遵循的规律。每一种正当的社会职业，它的社会职责和义务、服务对象和为社会服务的手段与方式等，在不同的历史时期大体上是相同或相似的。它的一代又一代人，总会从上代人那里汲取合理的、正确的职业道德观念，以确保职业活动的顺利开展并兴旺发达，这就决定了职业道德的内容和要求总会有一定的稳定性和连续性，决定了各种职业道德常常会表现为世代相传的职业传统和美德，成为人们比较稳定的职业心理、行为和习惯。如司法人员的“刚直不阿”、“清正廉明”，教师的“严谨治学”、“为人师表”，军人的“勇敢”、“服从命令”等等，都在本行业中被世代相传。由此可见，职业道德在基本内容上具有稳定性和连续性。

2)多样性和适用性

所谓多样性是指职业道德的内容因职业或行业的不同而异。过去人们常用“三百六十行”以形容行业之多。其实，随着现代科学技术的发展，社会生活的文明和进步，就会出现(或消失)许多行业和职业，据 1980 年《世界之窗》杂志介绍，美国从 1949 年到 1956 年，以手工业操作的技术工种有 8 000 多种消失，有 6 000 多种新技术工种出现。据我国出版的《职业岗位分类词典》介绍，现代社会分为 23 个大职业、81 行、489 类、7 200 多种岗位。现在常讲的建立、健全岗位责任制，实际上就是职业道德的一种新内容、新形式。所以多样性是职业道德的一个明显特点。

职业道德在形式上都比较具体、简明扼要、通俗易懂、易学易记，具有具体性的特点。其形式有规章制度、工作守则、服务公约、条例、誓词、须知、岗位责任等。职业道德的适用性是由各行业的具体利益、义务、心理特征和业务需要决定的。各种职业道德只能规范约束本行业人员的职业行为，不能用以规范约束其他行业人员的职业行为，这也是职业道德具体适用性的体现。

职业道德的表现形式是在从事一定职业的人们中间，也就是主要表现在“走上社会”的成人的意识和行为中，因而是道德意识和道德行为成熟的阶段。

3. 职业道德评价

职业道德评价是职业道德实践活动的一个重要环节。在社会生活中，人们总是通过职业道德评价，自觉或不自觉地根据一定的道德标准，去评判他人和自己的职业行为的善恶，影响主体自身的职业价值定向和职业价值追求，树立正确的从业态度，从而实现主体的社会价值；另一方面也可以调整人和人、人和物(生产内容、生产手段、生产目标)的关系，健全和完善行业的道德规范，树立良好的社会风尚。因此，汽车运输道德评价也是职业道德理论体系的有机组成部分。

1)职业道德评价的含义和特点

职业道德评价是指以一定的职业道德原则和规范,凭借社会舆论、传统习俗和内心信念等方式,对他人或自我的职业行为所具有的道德价值进行判断或断定的评价活动。对他人职业行为的评价,是为了调整职业活动的主体同职业活动的社会之间,同一职业组织内部人与人之间的道德关系,树立行业新风;对自我的职业行为评价,是为了提高主体的职业道德水平,树立正确的从业态度,实践主体自身的职业价值定向和价值追求。

职业道德评价具有自身的特点:

(1)职业道德评价的对象是从事职业的个人(或行业、单位)的职业行为。职业道德是从事一定职业的人们在其特定的工作或劳动中形成的特殊的道德关系,其约束对象是从事一定职业活动实践的个人(或行业、单位),离开了这一特定的对象,进行职业道德评价是毫无意义的。因此职业道德评价的对象只能是从事职业活动的个人(或行业、单位)的职业行为。

(2)职业道德评价的标准,除了善恶标准外,同时也具有某些法的性质和特点。如汽车运输驾驶员酒后驾车肇事,不仅要受到职业道德的谴责,而且要受到纪律和法规法律的制裁,所以职业道德的评价有时具有某些法的性质和特点。

在职业道德评价中,人们常以职业义务、职业良心、职业公正、职业纪律、职业信誉和职业荣誉等范畴对职业道德加以评价。

2)职业道德评价的作用

职业道德是道德渗透到职业活动领域而形成的特殊的具体的道德规范,因此,职业道德评价同样具有道德评价的裁判、监督、教育和调节作用。

(1)职业道德评价对职业道德行为的善恶起裁判作用,能有力地维护职业道德原则和规范的权威性。职业道德评价是职业道德原则和规范的捍卫者,其首要任务就在于判明人们职业行为的善恶价值,裁决人们是否遵循职业道德原则和规范。在社会生活中,人们在职业活动中发生广泛的职业关系,既要同职业内部的人发生这样或那样的联系,又要同与本职业相联系的社会各方面的人发生人际关系,还要在生产内容、生产手段目的上发生人和物的关系,在这众多的职业联系中难免会发生各种纠纷和矛盾,这些矛盾和纠纷的解决,除了极少数诉诸法律,其他绝大多数是依据职业道德的原则和规范,对职业行为进行评价,对职业活动中的矛盾加以裁判,褒扬和奖励善行,从而形成一种激励力量,鞭挞和惩治恶行,形成一种舆论压力,促使行为者去纠正。

(2)职业道德评价的监督作用。职业道德的原则和规范是职业道德结构的中枢,它既是职业道德品质的集中表现,又是衡量每个人职业道德水准的尺度;它既是人们职业道德行为如职业道德关系的反映,又是一定社会(或阶级)对人们职业行为要求的普遍行为准则。职业道德评价通过职业道德的原则和规范约束从业者的职业活动,监督从业者在职业活动中自觉遵守和履行本职业义务和责任,维护本行业职业活动的信誉和尊严。

(3)职业道德评价的教育作用。职业道德评价不是简单地做出善或恶的判断就算完结,而是要具体地明确职业道德责任及其限度,说明衡量职业行为善恶的标准,展示作为职业行为善恶的动机、效果及其相互关系等。人们在职业道德活动中,形成了相对稳定的职业道德品质,形成了一定的习俗和传统,职业道德原则的行为守则化,一经形成就高于人们的职业行为,并反过来指导人们的职业行为。通过职业道德评价活动不仅是对从业人员进行职业道德教育,培养判断职业道德行为善恶的能力,将职业道德原则、规范传化成从业人员的职业道德品质和行为的有力杠杆与重要途径,而且也是从业人员加强职业道德修养,深化职业道德认识,提高自我评价能力与自我控制、自我选择能力，形成良好的职业道德品行的行之有效的重要方法。

(4)职业道德评价具有积极的调节作用。职业关系是一种社会关系，是通过职业联系起来的人际关系。职业关系包括三个方面：一是职业内部人与人之间的关系；二是职业上的人和物的关系，这种人和物的关系体现出人和人的关系，即对他人劳动的尊重与否；三是职业所联系的社会关系。这些关系处理得好坏与否，直接影响到从业者的工作情绪和劳动效率。处理好这些关系，是职业道德的最基本的要求。职业道德评价是调节这些关系的有效手段。职业道德评价的调节作用是通过自我调节和互相调节来实现的。通过职业道德评价，对自己、他人、集体的职业道德行为作出善恶判断，肯定或表扬符合社会主义职业道德规范和原则的职业道德行为，否定或批评违背社会主义职业道德原则和规范的职业行为，不仅能进一步提高自身、他人、集体的职业道德境界，而且能够促进社会主义职业道德关系的改善，产生更自觉的职业道德行为，使发生职业关系的双方，都能按照职业道德的要求，相互尊重他人的职业、他人的劳动、他人的人格与正当愿望，礼貌相待，和睦相处，使整个社会和谐发展，使生产关系和利益关系得以调节，使从业人员的积极性和创造性得以充分发挥，有力地推动社会生产力的发展进步。

总之，职业道德评价的裁判、监督、教育和调节作用，对于加强职业道德建设、处理好各种职业关系、做好本职工作、安定社会、加强社会主义精神文明建设都具有重要意义。

3)职业道德评价方式

职业道德评价是在一定的价值标准衡量下进行的。职业道德评价，一方面通过外在的评价即社会舆论和传统习俗的方式来进行；另一方面，又依靠个体的自我评价即内心信念方式对自身的职业行为进行评价。

(1)社会舆论。舆论就是众人议论，现在指群众的言论。社会舆论，这里专指来自社会的道德舆论，即一定社会、阶级、阶层、社会团体、企事业单位、人民群众以特定的道德原则和规范作为善恶标准，对职业集体和个人道德行为、品质的议论和评价。它是一个或几个社会团体通过思想和观念的一定综合所表现出来的对于社会生活的事件或现象的某种倾向性的意见。它是调整人们职业道德行为，进行职业道德评价的外在力量。在社会生活中，人们总是自觉或不自觉地对周围发生的事件和思想道德行为发表某些评论，表明自己对该事件或特定思想道德行为的看法和态度。当某种善恶标准被社会大多数人所接受或是为当时的统治者所赞成时，就会形成强大的社会舆论。社会舆论提出的是一种外在的尺度，它主要是以社会心理结构、文化传统、风俗习惯、政治态度等社会因素为依据。一个人的职业行为如果满足公众的要求，便会受到舆论的支持；反之，便会受到反对。人们常说："人言可畏"、"舆论压力"就是这种力量的表现。当代社会是信息的社会，舆论的影响已达到决定个体整个生活的程度，舆论手段的发达和人们对舆论的依赖性，都使舆论越来越成为社会生活的重要内容，报纸、电视、广播、电影、出版物等等，几乎成了人们生活不可缺少的获得信息和社会知识的重要手段。在社会生活中，社会舆论是通过自觉的和自发的两种途径形成和发挥作用的。自觉的社会舆论是指有领导、有组织、有目的、有固定传播渠道所形成的舆论。如报刊、广播、电视、文艺作品等。自发的社会舆论就是指人们在没有领导、无人组织的情况下自然而然形成的舆论。自发的舆论不可避免地要受到自觉社会舆论的影响和制约，但又常常成为自觉社会舆论的必要补充。舆论并不一定是正确的，但它总是强有力的。它可以帮助一个人获得成功的勇气，也可以粉碎一个人为之奋斗的理想，而且舆论在历史上总是由社会占统治地位的集团所控制，它总是以维护这一集团的利益为目的，所以它虽然是一种尺度，但有时难免片面和不正确。社会主义社会的舆论，就其主体而言,表现了广大人民群众的利益和愿望,它对于提高人们的职业道德水平,制止不良的职业行为,宣传社会主义的职业道德原则和规范,起着扶正祛邪的作用。

(2)内心信念。社会舆论和传统习俗是道德评价的外在方式,内心信念是道德评价的内在尺度,是道德的自我评价系统。

信念是激励人们按照自己的观点、原则和世界观去行动,是被意识到的需要系统。内心信念是构成人们行为的内在动机和性格的思想和观点。是从业人员发自内心的对某种职业道德原则、规范体系的真诚信奉和自觉履行职业道德义务的责任心,是从业人员在学习和工作实践中的道德认识、道德情感、道德意志的统一。它是“真正深入到我们血肉里去”的道德意识和行为准则。它所形成的荣辱感、苦乐观是同整个道德认识的理性系统相一致的,是这种系统进一步内化和升华的结果。

内心信念作为一种内在的、自觉进行的评价方式,是通过职业道德良心来发挥作用的。人们常说“受到良心的责备”、感到“内疚”等,就是这种力量的表现。内心信念是职业道德评价的一个重要方式。因为职业道德的体现者和应用者是从业者,职业道德的基本内容是其行为规范,如果不能把行为规范转化为从业者的内心信念,使从业者成为职业道德的体现者和实践者,那么,职业道德只不过是一种理论,职业道德规范只不过是一纸空文。从而失去对从业者职业行为的约束和作为职业道德评价标准的作用。

内心信念使职业成为一种充分理性的行为,当人们在自己的内心信念支配下,履行了职业道德的原则和规范,在得到他人和社会赞许的同时,会对自己的合乎职业道德的行为感到精神上的满足。而当人们采取不符合内心信念的不道德行为时,在受到他人和社会谴责的同时,自己也会感到内疚、羞愧。内心信念成了人们对自己职业行为的自我评价的手段。

(3)传统习俗。传统习俗是与社会舆论有着密切联系的一种职业道德的评价方式。习俗,即风俗习惯。它是指由于重复或沿袭而巩固下来的,并变成了需要的行为方式。这种行为方式由于代代相传而被后人继承下来,成为一种行为准则和其他道德原则和规范的补充。

传统习俗的流行不是仅仅依赖社会舆论的影响而被后人所继承,它主要是依赖历史的沿袭,是通过行为方式的不断重复而代代相传,并且在群众自发的流传和继承中,和人们传统的民族情绪、社会心理结合在一起,根植于人们的心里,成为人们行为方式的一种需要。由于传统习俗是一种自发的社会意识,所以它具有不同程度的滞后性。随着社会经济、政治文化的发展变化,新的职业道德行为习俗不断产生,这就形成了新旧习俗的差异与对立。任何社会、任何职业都存在着新的和旧的习俗,以及进步和落后、积极与消极的斗争。因此,在职业道德评价中,对传统习俗必须进行具体分析。以传统习俗作标准,对职业道德行为进行善恶评价不可能都是正确的,特别是在科技发展日新月异,改革开放步伐不断加快的新的历史条件下,更应从广大人民群众的根本利益出发,支持符合历史发展、社会进步客观要求的新习俗,对那些危害社会利益,对人们的行为方式起消极作用的习俗,要限制和缩小它的作用,促使它逐渐消亡。

在职业道德评价中,社会舆论、内心信念和传统习俗,既各有各的方式、特点和功能,又有共同的社会条件和密切联系。它们都是在一定社会职业生活和职业道德实践中形成并发挥作用的,离开一定的社会条件,既不能成为一种力量,更不能成为职业道德评价的手段而发挥其扬善抑恶的功能。同时,它们在职业道德评价中是相互联系、相互促进的。无数单个人的职业工作者的内心信念汇集在一起,就能形成和增强人们的内心信念。作出善恶判断和命令,必须通过社会舆论的方式才能为他人所了解,并对形成新的社会舆论、传统习俗产生作用,内心信念又在一定的社会舆论与传统习俗的影响下形成,并反作用于社会舆论和传统习俗。

总之,社会舆论和传统习俗是职业道德评价的社会方式,对人们的职业行为具有外部约束作用;内心信念是职业道德的自我评价方式,对人们的职业行为具有内控作用。社会舆论和传统习俗能形成和增强人们的内心信念,而内心信念是社会舆论和传统习俗发挥作用的基础。要充分发挥职业道德评价的作用,就必须综合运用社会舆论、内心信念和传统习俗等方式,不能把三者割裂开来或片面地强调使用某一种评价方式。

四、汽车运输职业道德的范围、特点

1. 汽车运输职业道德的范围

交通是发展国民经济、沟通国际关系的桥梁。汽车已成为现代人类生活必需的工具。交通秩序的好坏,代表一个国家的荣誉及国民道德素质和生活水准。维护行车安全与秩序,要靠熟练的驾驶技术及车辆妥善的保养,最重要的是每个汽车运输行业的人员要具有崇高的职业道德,正确的守法观念。

汽车运输行业的职业道德主要有职业义务、职业良心、职业信誉和职业尊严。汽车运输的职业义务是为运输服务提供安全、优质的运输劳务,达到运输的设定目标。这种职业义务的体现是驾驶员、修理工自觉自愿的道德力量的支配。

职业良心是指汽车运输业的从业人员在职业道德责任感的驱使下,在工作实践中履行各项应尽职责。如客车驾驶员提醒旅客在行车途中头、手不要伸出窗外,汽车黑夜交会时按规则开闭大灯,汽车修理工按时保质保量修理好车等等都是职业良心的体现。

汽车运输职业信誉包括职业信用和职业名誉。它所表达的是社会对汽车运输业的信任度和荣誉感。遵守诺言,实践和约,按高度指令行驶,满足货主、旅客的合理要求,用熟练的驾驶技术成功地完成运输任务,取得社会公认的信誉,这是汽车运输从业人员道德的成就。

汽车运输从业人员的道德尊严包括社会对他们的尊重和他们自身的自尊、自爱、自重,以及对自身权利的维护。

2. 汽车运输职业的特点

(1)流动分散。汽车运输是运动中的生产形式,要完成人和物在时间和空间上的位移,它的生产和工作活动是点、线、面的结合,车站、港口、码头、车、船是点;公路、航道是线;每个城市、乡、镇则是面。这些点、线、面遍布全国,乃至连接世界各国,这千万个点和无数条线及数不清的面,都是一个广阔的天地。因此,道德行为在社会上的涉及面较广,在道德内涵上既有生产、技术的道德,也有市场经营的道德要求。这就要求汽车运输从业人员在遵守一般社会道德的同时,要从本行业的角度出发,遵章守法,注重公德,保证运输的有序进行。

(2)操作的独立性和广泛的联系性。由于汽车运输分散作用的特点,驾驶员通常是一个人独立工作,一辆车一个驾驶员,是个独立的生产单位。他一方面要经常独立地处理运输中遇到的由于车况、路况、交通状况和气候等变化而出现的各种问题,另一方面还要和各方面的人员发生联系,如必须与站务、装卸和维修人员等紧密配合。整个运输网络构成遍布全社会的运输市场,它与商品市场紧密相连,因此,汽车驾驶除了工作上的独立性以外,还有广泛的社会联系性。要求驾驶员必须具有独立处理问题的能力和全局观念,具有团结协作精神,遵守运输市场特定的职业道德。

(3)意外因素。汽车运输是在物质运动状态下完成的,它的生产活动地域跨度大,危险情况多,因而受突发性事件影响的可能性也比较大。如社会动乱、车匪路霸等人祸和地震、海啸、洪水等自然灾害都会不同程度地影响汽车运输生产活动的安全性。尤其是目前在我国大部分地区道路仍处于混合交通状态，人们的交通观念淡薄，时常会遇到行人突然横穿马路，自行车绕越水坑和避风、避风尘以及对方来车违章驾驶强行占道等各种道路情况。多年来，全国交通事故频频发生，平均每3min就有一人受伤，每10min就有一人死亡。因此，驾修人员必须时刻把人民生命财产的安全放在第一位，严格遵守交通规则和操作规程，掌握熟练的操作技能，保证行车安全。

(4)社会文明窗口的岗位特征。汽车运输业具有生产、消费同一性的行业特点。从其职业活动服务的广泛性来看，它每日每时直接为成千上万的旅客、货主服务，与人们日常生活息息相关；它直接反映各种社会关系，是社会文明和道德风尚的前哨和“窗口”。人们形象地比喻“窗口”具有“传热器”、“聚光镜”、“播种机”和“感情双向传输带”的特殊作用。汽车运输业是生产服务性行业，属于第三产业范围，它不直接生产有实物形态的物质产品，而是通过为生产单位和整个社会提供良好的客、货运输服务，达到货畅其流、人安其行，促进社会生产的发展和市场的繁荣，实现产品增值，从而实现自身价值。

第二节　汽车运输职业道德修养

一、汽车运输职业道德修养的内容

职业道德修养是一种积极的自我意识。它是从业者对自己的职业所进行的自我锻炼、自我改造、自我陶冶、自我教育，以达到使自己形成高尚的职业道德品质的一种活动和境界。

汽车运输职业道德修养是一种职业道德品质方面的自我锻炼，它有一个不断发展的过程，这个过程包含的内容有两个方面：一是职业道德意识的修养；二是职业道德行为的修养。具体来说，它包括职业道德认识、情感、信念、意志和行为等五个方面的修养。

1. 树立正确的职业道德认识

职业道德认识是指人们对于客观存在的职业道德关系以及处理这种关系的职业道德原则、规范的认识，它包括职业道德观念的形成和职业道德行为判断的提高。

汽车运输职业道德认识是职业道德修养的前提，是指汽车运输从业人员对汽车运输职业道德规范的理解和掌握以及对职业活动中的各种道德关系的分析与评判。在社会主义市场经济条件下，必须不断进行职业道德理论和规范的学习。学习马克思主义理论和职业道德基本知识，在思想上真正理解社会主义、共产主义道德理论，不断提高职业道德认识和职业道德觉悟，使自己自觉地按照社会主义、共产主义道德原则、规范、准则去做，抵制和消除剥削阶级和封建残余思想、旧的职业偏见的影响和侵蚀，不论在什么情况下，都能正确处理个人与他人、个人与社会的关系，从而使自己在长期的职业道德修养实践中，逐步达到职业道德的最高理想境界。

2. 陶冶炽热的职业道德情感

职业道德情感是指人们对现实生活中的职业道德关系和职业道德行为的好恶情绪。职业道德情感是随着人们的职业道德认识而产生和发展的，对职业行为起着巨大的调节作用。

汽车运输道德情感是指汽车运输从业人员按本行业的道德标准，处理职业道德关系或评价自己和他人职业行为的情绪体验。列宁说：“没有‘人的感情’，就从来没有也不可能有人对真理的追求”。一个人只有当他对自己所从事的职业有了一定的职业道德情感，才会热爱本职工作，潜心钻研业务，尽职尽责地完成工作。

正确的职业道德认识，并不能自然而然地产生相应的职业道德情感，它必须进行自觉地培养，在长期的道德实践中进行磨炼，才能形成一种稳定而强有力的力量，积极影响人们的职业行为。反之，如果没有职业道德情感，职业道德规范始终是一种外在的强制的东西，而不是出自内心的自觉行动。因此，汽车运输从业人员要把培养职业道德情感作为职业道德修养的重要内容。

3. 确立坚定的职业道德信念

职业道德信念是指人们发自内心的或对某种职业道德义务的真诚信仰和责任感，也是职业道德认识、情感和意志的结晶。汽车运输从业人员一旦把自己的职业道德认识变成自己职业行为的准则，并坚信其正确性，就会自觉地坚定不移地按照自己的信念来选择职业行为，进行职业活动，并鉴别自己或他人职业行为的善恶。汽车运输系统的劳动模范、先进工作者，他们所以能够始终不渝地遵循汽车运输职业道德规范，把自己的一生都奉献给汽车运输事业，就是因为他们有坚定的汽车运输职业道德信念，因此，汽车运输从业者要把培养坚定的职业道德信念，作为自己职业道德修养的中心内容。

4. 磨炼顽强的职业道德意志

职业道德意志是人们在履行职业道德义务的过程中所表现出的自觉克服一切困难和障碍的力量和精神。职业道德意志和职业道德义务认识之间有紧密的关系，汽车运输从业者的职业道德意志表现为他的职业行为，是受一定的职业道德认识所支配，有一定的行为目的。他的行为目的如果是高尚的，有为人民服务的职业道德认识，他才有可能为之锲而不舍地奋斗，并表现出坚定性、果敢性、百折不挠、勇敢等意志品质。同时，职业道德认识也离不开职业道德意志，因为人的各种认识活动，总是与一定的困难相联系，所以汽车运输从业者只有具有坚强的职业道德意志，就能够不辞辛苦，坚毅顽强地为履行自己的职业道德义务和实现自己的职业理想而努力，在任何困难和障碍面前都能抵御外部的腐蚀和诱惑，始终恪守职业道德规范，保持高尚的职业道德情操。因此，汽车运输从业者要在职业实践中长期地、刻苦地磨炼自己，把自己锤炼成为职业道德意志坚强的汽车运输建设人才。

5. 养成良好的职业道德行为习惯

职业道德习惯是指人们在一定的职业道德认识、情感、信念、意志的支配下可采取的职业道德活动，它是职业道德规范转化为职业道德活动的具体表现。它是衡量一个人职业道德品质的客观依据，也是构成汽车运输业道德品质的关键因素。职业道德习惯是一个人职业道德高度自觉性的表现，是职业道德品质形成的标志。有了职业道德行为习惯，就会自然地、经常地按照汽车运输职工道德规范要求去行动，在长期的实践活动中进行锤炼，在业务上精益求精，在思想上高标准、严要求，把自己学到的社会主义职业道德原则和职业道德规范转化成自己的实际行动，并逐渐变成职业道德习惯，才能具备良好的职业道德素质。

职业道德素质是人们在长期的职业实践中形成的职业道德观念、职业道德行为、职业道德习惯的总和。我们所进行的提高汽车运输从业者的职业道德认识、陶冶职业道德情感、树立坚定的职业道德信念、磨炼顽强的职业道德意志等内容，就是要汽车运输从业人员树立正确的职业道德观念。职业道德修养的内容，决定了汽车运输从业人员对自己所从事的职业所持的态度、认识和价值观念等思想情感属性。如果一个汽车运输业的劳动者对自己所选的职业的重要性有深刻的认识和理解，并在职业实践中对本职工作有浓厚的感情，有顽强的拼搏精神和毫不动摇地信心，那么，他就一定能按照职业道德原则和规范去做，并在工作中表现出良好的职业道德行为，模范地完成本职工作。

一个人职业道德素质的好坏，直接关系着他所从事的事业的成败。一个担负着国家重要职务的人，他的职业道德素质的好坏，直接影响着国家和民族的前途。一个担负着企事业单位领导责任的人，他的职业道德素质的好坏，直接影响这个企事业单位的兴衰。一个具体行业的从业人员，他的职业道德素质的好坏，将直接关系着产品的质量和服务的质量，甚至关系着人民生命财产的安全。职业道德修养的内容正是针对提高从业人员职业道德素质而设计的。职业道德认识、职业道德情感、职业道德信念、职业道德意志、职业道德行为这五个紧密联系、相互渗透、相互制约、相互促进的环节，构成了职业道德修养的主要内容和全过程。

二、汽车运输职业道德修养的意义

俗话说“玉不琢，不成器”。一个人不进行道德修养砺炼，就不可能成为高尚的人，职业道德修养是社会道德活动的重要内容。我国正处在社会主义的初级阶段，加强职业道德修养有着特殊的意义。

(1)加强职业道德修养是社会主义精神文明建设的关键。在现代社会，职业道德具有道德的时代特征，是实现社会的主体道德的具体表现，它具有社会公共性和示范性，是一种实践化的道德。加强职业道德修养同倡导良好的社会公德一样，是我们建设社会主义道德文明的必经之路。只有以此为重点和突破口，才能提高整个社会的精神文明水平。

(2)加强职业道德修养是社会主义经济体制改革和社会发展的内在要求。社会主义市场经济的建立和发展，必然引起我国的经济生活、政治体制、人们的生活方式以及包括价值观在内的伦理道德体系的一系列深刻的变化。随着经济体制的转换和市场经济体制的发展，各行各业之间，从事各种职业的人们之间的利益关系愈加复杂，他们的价值趋向呈多元化、多层次的特点，其思想观念和道德意识也受到影响并发生新的变化。如何更好地从实际出发，把社会主义和共产主义道德原则、规范同社会各种不同成员之间的职业利益、职业活动、职业习惯、职业特点等联系起来，使道德成为人们日常生活中须臾不可离开的需要。这对提高全社会的道德水平、改善社会风气具有战略意义。通过驾修职业道德修养，提高驾修人员的整体素质，是我国经济体制改革和社会发展的内在要求，也是当前促进道德建设的一项艰巨任务。

(3)加强职业道德修养是社会主义经济建设的根本保证。职业道德修养在具体的职业活动中，用职业化的道德规范体系来体现一般道德规范体系和基本原则，对于职业内部形成自觉贯彻执行党和国家的政策、法令的自我约束能力，坚持党的基本路线的自我导向能力，正确处理各种利益关系的自我协调能力，奋勇开拓、创新的自我发展能力，以及职业内部的凝聚力，都有明显的作用。通过自我约束、导向、协调、发展等能力的发挥，可以有效地指导各行各业的外向行为的规范化，树立良好的职业形象，使各行各业成为社会主义精神文明和物质文明建设的载体。这有利于社会主义市场经济的培育和发展，也有利于社会公德水准的整体提高，实现社会风气的根本好转。

(4)加强职业道德修养是促使汽车运输职工进步和成才的必经之路。从历史上看，我国有重视职业道德修养的传统，即使在封建社会，也有一些人通过个人的积极修养而达到很高的道德水平。例如我国古代名医扁鹊、孙思邈、华佗、李时珍等人，就有很高的医德。孔子有“学而不厌”、“诲人不倦”的师德。诸葛亮廉洁奉公，鞠躬尽瘁。海瑞执法严明，不徇私情。文天祥舍身取义的民族气节等，他们都有好的政德。从现实来看，在我国社会主义建设中涌现出来的千千万万先进模范人物，都是自觉按社会主义职业道德要求进行积极的职业道德修养的榜样。这表明了各行业的从业人员都有进行积极的职业道德修养的能力和主动精神。

做一个合格的汽车运输职工,特别是做一名优秀的汽车驾驶员,为人民带来欢乐和幸福,为社会创造财富,一辈子安全行车而不出交通事故,是不容易做到的。现有统计资料表明,我国公路交通事故有70%左右属于驾驶员违章造成,究其根源,主要是由于驾驶员思想修养、职业道德差而造成。另有一些人虽未有交通事故,但他们对乘客、货主敲诈勒索,特别是当前开放交通经营市场以后,有的驾乘人员将乘客几经转手倒卖,损人肥己,损公利己,更有甚者见死不救,缺乏最起码的职业道德素质……。这使我们明白一个深刻的道理:驾驶员有没有职业道德,是关系到人民、社会、国家利益的大事,决不可小看它。驾驶员进行职业道德修养,是使其进步和受人敬重的重要前提。

三、汽车运输职业道德修养的方法

1. 学思结合

文明高尚总是同知识、理智联系的,野蛮、粗俗又总是同愚昧无知相联系。职业道德修养的第一步也是最基本的方法就是学习。学习各种道德知识和做人的道理,并对所学的各种道德知识和人生哲理予以思考、反省,这样才能在自己的心灵深处培养起趋善避恶的道德意向及其情感,择善而从之,识不善而改之,逐渐完善人格品德,达到纯化情操的目的。

学习的内容很多,可以从书本上学,选择最有价值、能帮助自己进步的书来读,不仅可以丰富知识,使人聪明,而且能够使人的品质升华到一个更高的境界;可以学习英雄先进人物,尤其是汽车运输业中生活在自己身边的先进人物,学习他们的先进品德和高尚的境界;还可以向我们身边的领导、师傅学习,取他们的长处弥补自己的不足。职业道德修养就是改造自己、提高自己的道德境界。每个汽车运输从业人员都要在职业实践中,紧密联系实际,认真学习和正确理解汽车运输职业道德规范的内容和要求,提高自己的职业道德认识,把握是非善恶标准,自觉进行职业道德修养,积极参加各单位组织的"学雷锋,树新风"、"走向市场,心向旅客"、"安全质量月"等活动,自觉接受教育,不断增强职业道德意识,逐步培养自己的职业道德品质。

在当前国家改革开放,汽车运输业走向市场经济的客观条件下,汽车运输从业人员更要努力学习科学文化知识,掌握先进技术,放眼世界,在愈来愈激烈的竞争中站稳脚跟。不光要有全心全意为人民服务的思想,更要有国际一流的技术水平。

2. 内心自省

内心自省,就是自我批评。职业劳动者的道德觉悟、品质、情操的提高,同其他事物的存在与发展一样,都是在内部与外部的矛盾运动过程中实现的。汽车运输从业人员的职业道德修养的培养既要依赖包括批评在内的道德教育和道德评价,又要依赖包括自我批评在内的自我道德审视和自我道德评价。在社会主义、共产主义道德品质确立、形成、升华和稳固的过程中,不但要有外因作用,即组织上领导和同事们的帮助,更需要靠主观努力,自我改造和锻炼。在一定意义上说,批评是职业道德修养中的一种外部教育,自我批评则是人的内部主动性和自觉性的体现。一个人的职业道德修养的培养,离不开对自己不道德行为的自我反省、自我解剖和自我批评,这是职业道德修养的重要方法。

3. 努力"慎独"

"慎独"是我国古代思想家提出的思想修养应达到的崇高精神境界。从中国伦理史上看,"慎独"既是一种道德修养方法,又是一种道德境界。"慎独"的意思是说在只身一人没有任何监督的情况下,也能自觉地遵守道德原则和规范。

汽车运输职业道德修养必须提倡"慎独",即在别人看不到、听不见的情况下,自觉地不做任何违反职业道德规范的事。“慎独”作为一种社会意识和调整行为的规范，主要通过社会舆论与内心信念和良心支配自己的行动，内心信念和良心就是人们在履行社会义务时的道德责任感。一个人在公开场合下不做坏事，比较容易作到，在独处时也一样不做违反道德原则的事，那就需要具有较高的道德境界。只有真正达到自律、慎独的境界时，无论是权势，还是物质利益诱惑，都不会动摇自己的信念。因此，加强职业道德修养，自觉做到“慎独”，是对每个汽车运输从业者在职业道德修养过程中的一个考验。

4. 防微杜渐

职业道德修养要从大处着眼，从小事做起，从一言一行、一举一动做起，勿以善小而不为，勿以小恶而为之。要陶冶自己高尚的道德情操，必须从我做起，从现在做起，从点滴做起。荀子说：“不积跬步，无以至千里；不积小流，无以成江海。”高尚的道德人格和优秀的职业道德品质，不是一夜之间养成的，它需要一个长期积累的过程。正所谓“积小善，而成大德。”

第二章　汽车驾驶员职业道德

汽车驾驶员职业道德是社会主义道德体系的组成部分，是社会主义职业道德的基本原则、一般规范和一般要求在汽车驾驶员职业中的体现和反映，也是对汽车驾驶员思想道德的基本要求。学习并遵守汽车驾驶员职业道德，培养驾驶员良好的道德素质，能提高驾驶员遵纪守法、规范操作和安全行车的自觉性；有利于增强驾驶员安全意识、服务意识、竞争意识；强化驾驶员爱岗敬业、钻研技术、团结协作精神。而且对全社会特别是在汽车运输行业中开展社会主义精神文明建设，树立社会主义道德风尚有着极为重要的推动和促进作用。

通过本章的学习，目的在于使交通职业技术学校的学生懂得什么是汽车驾驶职业道德；为什么要讲汽车驾驶职业道德；在汽车驾驶岗位上应遵循哪些职业道德原则和规范。由此，提高汽车驾驶员对职业道德的认识，懂得什么是有道德并做一个有道德的人，增强自觉遵守职业道德规范的能力。开展职业道德评价，分清职业活动中的是与非、善与恶，努力提高自己的职业道德水平。

第一节　汽车驾驶员职业道德

本节主要介绍驾驶员职业道德的概念、形成与发展、作用与特点以及主要道德规范。

一、汽车驾驶员职业道德概念

汽车驾驶员职业道德是调整汽车驾驶员职业活动中驾驶员与他人、与社会的行为规范的总和。

汽车驾驶员职业道德是社会主义职业道德的组成部分，是精神文明建设的重要内容。汽车驾驶员职业道德是职业生活的具体反映。职业生活不能脱离社会生活，职业道德也不能脱离社会道德。汽车驾驶员职业道德从属于社会道德，并受社会道德制约。而社会道德体系本身是一个复杂的、多层次的、交叉的规范结构，在这一规范结构体系中，一般的道德原则对其它一切具体的职业道德原则和规范起统帅作用，其他一切职业道德原则和规范都是它的具体化和补充。

市场经济是道德经济。当今中国的社会主义市场经济呼唤着道德经济，汽车驾驶员职业道德是驾驶员参与运输经营活动的入场券，是汽车运输市场健康发展的有力保证。在汽车驾驶职业劳动过程中，驾驶员自身有着相当的选择自由和活动自由，他们的许多职业行为具有道德性。对道德性的行为就需要道德的意识来规范和调节。当发生某种利益冲突时，除了用行政的、纪律的方式来调节外，更多的是需要用道德的内心信念来调节。随着汽车运输体制的深化改革，人们的价值观念和思想观念也随之更新，同时出现了各种各样的新矛盾。对待这些矛盾又有着不同的态度和行为，这些态度和行为对社会秩序和社会生活产生有利或不利的影响。我们必须根据本职业的特点，制定适应汽车运输行业发展的职业道德规范，并不断加以补充、丰富、发展和完善，充分发挥其在两个文明建设中的重要作用。

交通运输事业是国民经济和社会发展的命脉，在整个商品生产交换体系中是不可缺少的重要环节。汽车运输行业作为交通运输的主力军，起到举足轻重的作用。汽车运输行业属于服务性行业，它连接着各行各业、千家万户、城市乡村、东西南北。从其职业活动的接触面和流动性来看，它又是社会主义精神文明建设的"窗口"行业。汽车驾驶员职业道德即反映了当时当地的社会道德面貌，又反映了汽车运输行业的自身形象，并对社会风气产生极大的影响，对社会主义精神文明建设具有特殊的双向传输功能。

汽车驾驶能够通过职业运输活动，做到尊客爱货，文明运输，优质服务，就能使精神文明的种子撒向社会。如果粗暴待客，野蛮装运，以职谋私，敲诈勒索，就会败坏行业形象，污染社会风气。如果不遵守交通法规，违章驾驶，造成恶性交通事故，导致货损人亡，则会产生难以挽回的社会后果。所以，驾驶员在其职业劳动过程中，当发生某种利益冲突时，更需要用内心的道德信念来调节个人与他人、个人与社会之间的关系，调节国家利益、集体利益和个人利益之间的关系，维护社会秩序和汽车运输市场秩序。因此汽车驾驶员职业道德教育是汽车运输行业发展的客观要求。每一个驾驶员只有认真学习，努力提高自己的业务水平，加强职业道德修养，严格要求自己，自觉磨炼、自我约束，刻意追求人生完美的道德境界，才能真正实现自己的人生价值。

二、汽车驾驶员职业道德的形成与发展

1. 汽车驾驶职业的形成与发展

汽车驾驶职业随汽车运输业的产生而产生，并随汽车运输业的发展而发展。自德国人在1886年研制出世界上第一辆汽车后，汽车作为近代先进的交通工具，在英、美、法等西方国家相继开始运用，逐渐取代了人力和畜力车运输，开始形成交通运输业的新门类——汽车运输业。汽车驾驶员职业也随之产生。

在我国，首次出现汽车是在1901年，由匈牙利人李思时将两辆汽车运入上海，从此我国道路交通运输开始了汽车时代。1917年，我国商人顾宝经等设立太空长途汽车股份有限公司，由当时的交通部核发给长字第一号执照，这是我国的第一个民办汽车运输企业。但由于旧中国政治腐败，生产力停滞不前，汽车运输主要集中在沿海几个大城市，广大中、小城市和农村地区的交通运输仍然停留在以人力和畜力为主的阶段，当时汽车驾驶员的地位非常低下。新中国成立后，我国汽车运输业才进入迅猛发展时代。1949年，我国民用汽车仅为5万辆，到1997年，民用汽车达到1 200余万辆。汽车运输行业已经成为主要运输方式之一，在国民经济建设中发挥越来越重要的作用。

随着汽车运输业的发展，汽车驾驶成了许多年轻人向往的职业。为了提高驾驶员的素质，全国各地都成立驾驶员培训学校，汽车驾驶员队伍逐渐发展壮大。据统计，我国驾驶证持有率已达3%，并随着汽车运输的发展和人民生活水平的提高，将有更多的人加入到这支庞大的汽车驾驶职业队伍中来。

2. 汽车驾驶员职业道德的形成与发展

交通运输职业道德和其它职业道德一样，是伴随着社会生产力的发展而逐渐形成的。当交通运输行业从农业和手工业中分离出来后，就产生了与之相应的交通运输的道德心理、道德观念和道德习惯。如解放前的人力车夫相互间就达成了一种默契，按序排队，自觉维护运输秩序；遇强人欺侮，主动帮助，团结一致共同对外；他们提倡诚实做人，对顾客热情相待，唯命是从，唯恐服务不周；与人为善，忍让为重等，这些都是交通运输业在特定的历史条件下所约定的

职业道德。

汽车运输是交通运输行业进一步分化的产物,汽车驾驶员是近代汽车问世以来迅速发展而形成的一种新职业。从事汽车运输职业的广大驾驶员是整个社会的一部分,必然要遇到并处理各种社会关系。由此相应的规程、守则和规范等成文或成不成文的行为准则就会随之产生并逐步完善。例如,在当前运输市场竞争十分激烈的情况下,就要靠优质服务、尊客爱货来取胜;在铁、公、水一体化联运服务中,要提倡互相协作、互相配合、公平竞争、合法经营的道德风尚。诸如这些道德要求,都是客观现实的反映。在汽车运输行业自身生存和发展过程中,在社会舆论的作用下,逐步形成了与汽车驾驶员职业活动密切联系的道德观念、道德情感、道德评价标准。直至发展到今天,汽车驾驶员职业道德正在形成比较完整的理论体系。

恩格斯曾经指出:"实际上,每一个阶段甚至每一个行业,都有各自的道德。"汽车驾驶员职业道德随着社会的进步,必将会有新的发展。道德作为一种意识形态,决定于经济基础,又反作用于经济基础。我们要充分运用汽车驾驶员职业道德的作用,对广大的驾驶员,尤其是青年驾驶员进行职业道德教育,开展职业道德评价,树立职业理想,培养良好的职业习惯,发挥人的主观能动作用,促进汽车运输业加速发展,当好社会主义现代化建设的先行官。

三、汽车驾驶员职业道德的特点和作用

随着国民经济的高速发展和人民生活水平的不断提高,汽车逐渐进入人们的日常生活,它不仅是一种单纯的运输工具,而且逐渐成为人们日常生活中不可缺少的工具。随着我国汽车运输市场的迅猛发展,汽车驾驶员队伍迅速壮大,全面提高驾驶员的思想素质是汽车运输事业发展的关键。这仅靠行政管理的力量是不够的,也不能维持长久。因为职业道德是靠传统力量、舆论力量、内心信念、思想教育来弥补行政手段的不足,因此,汽车运输业的发展离不开职业道德建设。充分认识汽车驾驶员职业道德的特点和社会作用,对于做一个合格的驾驶员是十分重要的。

1. 汽车驾驶员职业道德特点

汽车驾驶员职业道德除了有社会主义职业道德的一般特点外,还具有区别于其他职业道德的特点。

(1)在道德的内容和适用范围上具有特殊性。汽车驾驶员必须正确处理与旅客、货主的关系,汽车运输市场的竞争就是对客源和货源的竞争。如果服务质量差,态度恶劣,经常出现货损、货差,损害旅客、货主的利益,得罪了"上帝",就会失去客源和货源。汽车运输是实现人和物的空间位移,要使位移不中断,就必须确保行车安全。旅客乘车最大的愿望是平安无事,按时到达;货主托运,希望能完好无损地将货物及时送达。从交通行业各种运输方式来比较,铁路运输的特点是距离长,水路运输的特点是批量大,汽车运输的特点是灵活、快速、方便。但汽车运输的事故发生率大大高于铁路和水路运输。因此,"尊客爱货,安全正点"、"遵纪守法,规范行车"对汽车运输行业就显得格外重要。

(2)在道德规范的构成上具有多层次和多样性。汽车驾驶员职业道德只是一个总体概念。由于汽车运输方式和性质不同,如客运、货运、营运与非营运、企业与机关等,尽管同属于汽车运输业,因各自工作性质不同,亦有不同的要求,道德规范也存在着差异。由于这些特点决定了汽车驾驶员职业道德形成上各自具体的行为规范,而且这些具体的规范在汽车驾驶员职业道德规范总的目的的要求下各有侧重。所以,在制订职业道德规范或在进行职业道德教育时,必须根据不同的对象提出不同的要求,使汽车驾驶员职业总规范、总要求,落实到每个驾驶员

的具体工作中去。

(3)体现在道德活动中具有示范性。社会上各行各业都有着适用于自己职业特点的道德规范。从业人员都是通过各自的职业活动,直接或间接地满足社会上各行各业及其成员的需要,同时也从各个行业的职业活动中得到自身需要的满足。因此,每个从业人员既是服务者又是被服务者,应当互相联系,互相配合,互相促进,形成"我为人人,人人为我"的和谐关系。汽车运输行业面向社会,面向旅客、货主,汽车驾驶员良好的道德行为,对形成高尚的社会道德风尚起着示范和引导作用;反之,由于个别驾驶员的不道德、不文明行为,会给众多的旅客带来不良影响,产生相当的社会负效应。

(4)反映在社会作用上具有广泛性。汽车运输行业流动分散,遍布全国城乡各地,尤其是汽车驾驶员,接触的社会面十分广泛。可以说,汽车行驶到哪里,汽车驾驶员职业道德面貌就体现到哪里,其影响范围涉及到几乎所有的行业,甚至通过每位旅客和货主影响到千家万户,因此,汽车运输职业道德在社会作用上具有广泛性。

(5)某些道德规范的内容具有稳定性和连续性。各种社会形态有其发展的连续性,道德也具有连续性。例如,"孝敬父母"产生于奴隶社会,存在于各种社会形态。汽车驾驶员职业道德的一些内容是相对稳定的和连续的。如确保旅客人身安全和货物完好无损、见义勇为、救死扶伤、自觉遵守交通法规等,不管是在资本主义社会还是社会主义社会,不管是过去和将来,对驾驶员来说,是共同的要求。这就要求我们正确对待道德遗产,凡对我们今天有价值、有利于汽车运输业发展的东西都应该批判地继承。

充分认识汽车运输职业道德的特点,便于我们有针对性地开展职业道德教育,有利于培养和造就一批"四有"驾驶员队伍,形成良好的行业风气。

2. 汽车驾驶员职业道德的作用

(1)促进汽车运输业的发展。汽车运输是交通运输的一个重要组成部分,改革开放以来,汽车运输业飞速发展,运输市场的规模及网络已基本形成,市场的主体已形成国有、集体、个体等经济形式协调发展的局面。这些改革必然带来从价值观念到思想观念的更新,从而出现了各种各样新的矛盾。这不但要靠国家的政策引导,靠法律、法规的制约,还要靠政治思想工作及职业道德的调节和制约。一部分人认为按经济规律办事,只要把经济效益搞上去就行了,不需要去讲职业道德,这种想法是极端错误的。在当前改革大潮中,如果没有汽车驾驶员职业道德规范的约束和调节,就可能使驾驶员偏离社会主义方向,导致一切向"钱"看,从而丧失道德理智做出一些不道德的行为,甚至违反法律走向犯罪,损害国家和他人的利益。汽车驾驶员职业道德是在工作中必须遵循的职业准则和行为规范。一名驾驶员的职业道德水平首先反映了他爱岗敬业的程度,自觉遵纪守法、规范行车的意识;在交通环境中安全第一、团结协作的责任感;对技术精益求精的认识态度和谦虚谨慎、无私奉献的修养水平。因此,通过加强职业道德教育,提高驾驶员的职业道德水平和业务水平,才能从根本上调动广大汽车驾驶员的积极性和创造性,促进汽车运输业内部人员间团结、友谊与合作,推动汽车运输业的发展。

(2)提高汽车驾驶员遵纪守法、规范行车的自觉性。遵纪守法、规范行车是汽车驾驶员职业道德规范的核心内容,也是汽车驾驶员职业道德在其实践活动中的具体体现。

安全生产是一切社会生产管理的重要环节和内容。只有安全才能谈运输生产,这本身具有重要的道德意义。这既是对劳动者主体的生产管理的要求,也是对劳动者主体意识的强化和管理,这一点作为汽车驾驶员尤为重要。如何做到安全运输,确保旅客和货物的安全,是每一个驾驶员最基本的职责。当前,我国交通安全的形势十分严峻,仍存在道路设施落后、道路管理水平低、人们交通安全意识淡薄等因素,这种状况给广大汽车驾驶员行车增加了困难,使交通事故逐年上升。我国交通事故死亡人数在世界上仍是最多的。造成交通事故的原因是多方面的,有客观因素,但主要是人的因素(汽车驾驶员)。诸如“开英雄车”、“开斗气车”、“酒后开车或疲劳开车”等主观因素是造成交通事故的主要原因。

如何防止交通事故,确保运输安全,其中汽车驾驶员在道路交通诸要素中起着主导性作用。有的驾驶员对交通法规和安全制度是清楚的,但执行起来又是另一个样子。这说明了部分驾驶员的交通安全意识淡薄,对自己的职业行为所包含的道德意义认识不清,不能够严格要求自己,约束自己,从而违背了职业道德。因此,每一个驾驶员要经常进行自我道德修养,克己自律。通过自律,自我反省,自我监督,自我改造,在实践中逐步形成良好的职业习惯。使遵纪守法、规范行车这一道德规范转变成内心信念,变成一种自觉行为。在有人监督和无人监督条件下,都能够自觉的遵章守纪、规范行车。汽车驾驶员职业道德作为一种意识形态,以这种特殊的方式来处理交通环境中与各要素之间的关系,使汽车驾驶员的每一个职业行为,都受到道德观念、道德情感的支配,把道德观念、道德情感转化为道德行为的知行统一。一个具有高尚职业道德情操的驾驶员,能做到变复杂坎坷道路为坦途,以平静的心情随时处理行驶道路上突然多变的情况。因此,提高驾驶员遵纪守法、规范行车的自觉性是确保交通安全的重要途径。

(3)纠正汽车运输行业的不正之风。整个社会是由各行各业组合而成的统一整体,行业风气是整个社会精神文明建设的重要标志,是行业政治、经济、文化、技术、道德风貌的综合反映。良好的职业道德能促进人际关系和谐与社会风气好转。汽车运输行业是社会主义精神文明传播的“窗口”行业,加强汽车驾驶员职业道德建设,对汽车运输行业有着极其重要的作用。

在我国,随着社会主义市场经济的发展,汽车运输业在国民经济发展中为保障工农业生产、人们工作和日常生活的正常秩序发挥了重要作用。涌现出许多具有高尚道德品质的模范人物,受到人民的称赞和爱戴,成为人民心目中学习的榜样,为企业或行业树立了良好的形象。然而,在我们汽车运输行业中也确实存在着不讲道德的行为,如一些驾驶员缺乏全心全意为旅客、为货主服务的思想观念,不正之风在少数人身上表现得尤为严重。以公谋私、吃拿货物、私拉乱运、侵吞票款、粗暴待客、刁难货主、野蛮装运、正点率低、货损严重、服务态度恶劣等不道德行为时有发生。有些人不思奉献,只求索取,滋生个人主义、拜金主义等腐朽思想,其行为破坏了内部团结,损害了企业形象和国家声誉,给社会带来污染。这些不正之风的产生,固然有社会环境和企业管理方面的原因,但主要还是由于少数汽车驾驶员本身缺乏职业道德修养,缺乏自觉遵纪守法意识所造成的。因此,通过对汽车驾驶员职业教育,培养他们的职业理想和职业情感,使他们对自己的职业有了坚定的理想和信念后,就能发生内心热爱自己的本职工作,用职业道德规范来调节自己的工作行为,以高尚的道德行为为榜样,在自己的岗位上忠于职守、尽职尽责,成为汽车运输行业的模范。通过加强汽车驾驶员职业道德教育,使广大的汽车驾驶员明确职业责任,遵守职业纪律,培养和形成良好的驾驶作风和驾驶习惯,自觉克服和纠正行业不正之风,在整个行业中形成不道德的行为人人谴责,道德的行为人人称赞,从而形成一个良好的行业风气。

(4)推动社会主义精神文明建设,提高全社会的道德素质。社会主义职业道德建设,是社会主义精神文明建设的重要组成部分,是精神文明建设的重要环节。一般来说,思想道德和社会风气的改善,在精神文明建设中占有重要的核心地位。或者说,在精神文明建设中,职业道德建设是一个重要的突破口。搞好职业道德建设,就能够推动整个精神文明建设的发展。

汽车运输是社会主义精神文明的“窗口”行业，对社会主义精神文明具有特殊的双向传输功能。社会风气对汽车运输行业的风气有很大的影响。同时汽车驾驶员职业道德素质和行业风气对社会风气又有巨大的反作用(图 2-1)。

图 2-1

在汽车运输行业中，汽车驾驶员必须具有良好的道德意识、市场意识、效率意识、竞争意识等。这些先进的符合社会发展要求的职业道德意识逐步转化为职业道德行为和习惯，使他们在具体工作中，以优良的服务态度和高尚的道德情操去感染人们，使千千万万的人感受到社会主义大家庭的温暖，体验到社会主义的新型道德关系，从而促进整个社会道德水平的提高，推动社会主义精神文明建设。

四、汽车驾驶员职业道德教育和职业道德修养

道德教育和道德修养是道德实践活动的两种形式。汽车驾驶员职业道德教育和加强自身道德修养是提高汽车驾驶员整体素质的两个手段，是汽车驾驶员道德活动的重要环节(图 2-2)。

1. 汽车驾驶员职业道德教育

驾驶员良好的职业道德不是其本身固有的，而是通过教育而形成的，又通过教育和修养得到进一步提高。汽车驾驶员职业道德教育是为使驾驶员遵照一定的职业道德规范、履行职业道德义务而对驾驶员有目的、有组织、有计划地施加影响的活动。首先了解树立良好的职业道德的目的、意义、重要性；掌握职业道德基本原则、评价标准等，具备明辨善恶的能力。其次，向驾驶员传输职业道德规范，使驾驶员真正领会其精神实质，增强安全意识、服务意识、竞争意识，提高驾驶员遵纪守法、规范行车、规范经营的自觉性。只有这样，职业道德这一精神力量，才能发挥出调节职业关系，促进职业生活发展的作用。

2. 汽车驾驶员职业道德修养

汽车驾驶员职业道德修养，是指汽车驾驶员在职业活动中所进行的道德品质方面的自我锻炼、自我教育、自我改造以及所达到的水平和境界。驾驶员只有进行职业道德修养，外在的

职业道德规范才能转化为坚定的内心信念，在任何情况下，都能自觉地调整自己的行为，使其符合一定的职业道德规范要求。

图 2-2

汽车驾驶员职业道德修养的过程，实际上是培养自己良好的职业态度、职业良心、职业作风的过程；是把职业规范变为自己职业行为的过程。驾驶员在长期的社会生活和职业生活中，形成了自己特殊的爱好、兴趣、脾气和性格，养成了较稳定的职业习惯、工作作风和职业心理，其中难免有些不良的成分，若对此不注意修养，一任己性，就难于走向道德上的完善。因此，驾驶员在自己的职业生活中要“择其善者而从之，择其不善者而改之”，通过积极的思想斗争，提高自己的职业道德选择能力，消除自身存在的不良道德观念和消极影响，自觉、严格地按汽车驾驶员职业道德规范去行动，这就是汽车驾驶员职业道德修养的目的。在我国当前社会条件下，结合汽车运输市场发展的特点，根据驾驶员的社会主义职业道德修养程度高低，大体可分为4个层次：

(1)不能履行职业道德义务，达不到社会主义道德起码的要求。这是一种自私自利型的人。有这种思想意识的驾驶员，占有欲极为强烈，在他们眼中，没有什么道德可言，“人为财死，鸟为食亡”就是他们的职业信条。说什么“马达一响，黄金万两”、“只要自己快活，不管他人死活”、“我赚我的钱，其它一切都与我无关”。他们无视规章制度，不择手段的坑蒙欺骗，侵吞国家、社会和他人的财物，损害国家、社会、集体、他人的利益，在其职业行为中经常违章，他们在驾驶员队伍中尽管只是很小的部分，但他们的行为影响很坏，危害极大。对于这些人，必须采取具体措施，包括劳动纪律约束等强制性措施。

(2)能一般履行职业道德义务，可以达到社会主义职业道德要求。处于这一层次的驾驶员人数较多，他们虽然一般履行职业道德义务，可以遵守职业道德的起码要求，但思想上不求上进，只求无过；业务技术上满足于一知半解，得过且过。做事既考虑如何为集体同时又能满足个人的私欲。当公私利益一致时，他们能努力工作，从而获得一定利益。所以，有人称他们为公私兼顾型的人。这些人当公私利益相矛盾时，他们就会把个人利益、小集体利益放在第一位，甚至在关键时刻不惜损害他人、集体、公共利益，他们实质上信奉的是资本主义合理的利己主义。对于职业道德修养处于这一层次的驾驶员，要求正面引导和正面教育，鼓励他们进行积极的职业道德修养，使他们的职业道德修养进入更高层次。

(3)能自觉履行职业道德义务，基本上达到社会主义职业道德的要求。在驾驶员中处于这一层次的是大多数，他们能正确认识和处理社会主义职业道德关系，能自觉按社会主义职业道德原则和驾驶员职业道德规范的要求去做，思想上积极要求上进，他们遇事能以集体利益为重，先集体后个人，先他人后自己。在处理个人和社会的关系中，愿意多奉献少索取。有人称他们为先公后私型的人。但他们由于认识上的偏狭或业务技术水平不能精益求精，加上社会现实关系的制约，他们总的表现并不是十分出色。对于这一层次的驾驶员，首先要在精神上鼓励他们，充分肯定他们良好的表现；其次是帮助他们进一步提高思想认识水平和业务技术水平，使他们争取实现自我突破，在职业道德修养方面达到更理想层次。

(4)能高度自觉地履行职业道德义务并富有自我牺牲精神，能完全达到社会主义职业道德要求。职业道德修养达到这一层次的人，在驾驶员队伍中是少数。他们积极向上，在职业行为中能严格要求自己，磨炼自己，真正做到一心为公，廉洁奉公，不计个人名利，全心全意为人民服务，为了保护人民生命财产的安全，甚至不惜牺牲自己。有人称他们为大公无私型的人。大公无私是人类社会最高的道德境界，进入这种精神境界的人有共产主义的世界观，他的言行都以是否有利于集体为原则。

以上分析的职业道德修养的4个层次，不是一成不变的，他们之间在一定的条件下是可转化的。在繁忙复杂的社会环境中，如果不把好自己生命航行的“方向盘”，放松自我思想斗争和自我改造，随波逐流、私心膨胀，就会由高层次跌到低层次，甚至发展到堕落为不法分子。如果向英雄人物、模范人物学习，注重自我思想斗争，自我改造，不断提高对职业道德修养重要意义的认识，在职业生活中时时处处用社会主义职业道德原则和驾驶员职业道德规范严格要求自己，不断提高自己的职业道德修养层次，不断进步，就会成为人民敬重的好驾驶员。周恩来总理曾经说过：“世界上没有完人，永远不会有完人，到了共产主义社会也还会有缺点。”这就是必须不断加强职业道德修养的重要意义。

3. 汽车驾驶员道德修养的方法

(1)重视学习。要求驾驶员首先要学好汽车驾驶员职业道德规范知识。如果没有一定的职业道德规范的基本知识，就很难在思想上、实践上区分什么职业行为是道德的，什么职业行为是不道德的，就容易导致是非不清，善恶不明，荣辱无别，从而降低自己的职业道德水平。因此，每一个驾驶员都要在职业实践中，认真学习和正确理解汽车驾驶员职业道德规范的内容和要求，提高自己的职业道德认识，把握是非、善恶的标准，自觉进行职业道德修养。

(2)勇于实践。实践是道德修养的根本方法，也是达到崇高精神境界的根本途径。汽车驾驶员职业道德规范来源于广大驾驶员的工作实践和社会生活。这些规范只有通过亲自实践，才能认识到它的必要性和合理性，才能加以接受，并自觉地用规范约束自己的职业行为。从另一个方面说，汽车驾驶员职业道德修养的一个基本要求就是知行统一，必须言行一致、表里一致。如果职业道德不能指导驾驶员的言论和行为，那就不能产生道德修养，就不能做到遵纪守法、规范行车。所以说强调驾驶员道德修养的实践性是十分重要的。

(3)自我批评。汽车驾驶员要主动在内心深处用职业道德的标准检查自己，找出自己的不足之处，并加以改正。每一个驾驶员要经常对自己的职业思想和行为进行解剖和分析，既要看到自己的优点和长处，又要看到自己的缺点和不足。而且对自己要高标准、严要求，要以汽车驾驶员职业道德规范为准则，检查自己，找出差距，发现自己的缺点和不足。对自己的缺点和不足正确看待，有和自己的缺点和错误作斗争的勇气和决心。只有这样，才能战胜自己，达到自我修养的目的。

(4)做到“慎独”。“慎独”既是汽车驾驶员职业道德修养的一种方法，也是汽车驾驶员道德修养所要达到的一种道德境界。“慎独”是指独自一人，在无人监督的情况下，有做各种坏事的可能而又不会被发现的情况下，坚持做好事而不做坏事。做到“慎独”对于汽车驾驶员尤为重要。汽车驾驶员职业特点是流动分散，出车在外，远离组织，单独执行任务，工作中又常常直接接钱触物，当无人在场、无人监督时，往往容易放纵自己，认为做一二件不道德的事无所谓，反正无人知晓，从而导致违章违纪，以车谋私。因此，要求驾驶员在职业实践活动中，要严格要求自己，抛弃一切私心杂念，自觉按照汽车驾驶员职业道德规范要求去做，从具体的一件件小事做起，从一点一滴做起，日积月累，把职业道德规范变成自己的职业道德行为习惯，逐步凝结成高尚的职业道德品质，达到“慎独”的境界。

(5)学习先进。由于先进人物总是不同程度地体现了我们的职业道德理想，为我们的道德修养提供可资借鉴的先进经验。广大的汽车驾驶员向本行业中的先进人物学习，是加强自身道德修养的重要方法。

先进人物的崇高品德，总是得到社会的尊重和赞扬。榜样的力量是无穷的。我们向先进的驾驶员学习，目的就是进一步找出差距，看清自身在职业道德品质方面的不足，这样才能在先进人物的表率作用和精神感召下，努力提高自己的职业道德境界。

我们在向先进人物学习的过程中，要注意几种错误观念：一是要防止先进人物高不可攀的片面观点；二是要防止用市侩的眼光看待先进人物，摒弃把他们的崇高品德看成是“傻气”的思想及认为向他们学习“不合算”等个人主义、利己主义的错误认识；三是要反对有些人专门在先进人物身上找缺点、挑毛病，尤其是对本单位或本系统的先进人物不服气，不虚心向他们学习的错误态度；四是要反对脱离实际、机械模仿、搞形式主义花架子。我们不能简单地模仿他们的一点职业道德，而应该善于从模范人物先进事迹中吸取优秀的道德品质，借鉴他们职业道德修养的宝贵经验，如工作经验、安全行车经验、爱车节能、文明服务经验等，努力把自己造就成为德才兼备，能适应当前汽车运输市场发展的一名优秀驾驶员。

五、汽车驾驶员职业道德规范

职业道德规范，是职业劳动者处理职业活动中各种关系、各种矛盾时所遵循的行为准则，是评价职业劳动者的职业活动和职业行为好坏的标准，它贯穿于人们职业活动的始终。职业道德规范具有时代性、层次性、约束性以及激励导向性等特征。职业道德规范是各行各业的劳动者在从事职业活动中都应遵守的最起码、最基本的行为准则。由于各行各业的工作特点不同，服务对象千差万别，因此，每一个行业的职业道德也不相同，但是许多职业道德规范却是一切从业人员都必须共同遵守的行为准则。例如教师的职业道德规范同工人、医生的职业道德规范有区别，但不论是教师还是工人、医生，都必须做到“爱岗敬业，团结协作，遵纪守法”，这样，“爱岗敬业，团结协作，遵纪守法”便成为职业道德的基本规范。汽车驾驶员职业道德规范除了具有以上共性内容和原则外，还构成了其特殊的本质要求，形成了特有的道德规范。

汽车驾驶员道德规范，是指现实社会中人们对汽车驾驶员的道德评价标准和汽车驾驶员处理道德关系的基本要求。这一要求是人民生活的需要和社会的需要，同时，也是汽车驾驶员职业在实践中形成的职业道德行为或道德关系的反映和总结。这些规范是判断检查每一个驾驶员行为优劣的基本标准。只有把这些基本道德规范的要求自觉地变成工作中的具体道德行为，才能使这些行为变成无形的力量。

根据汽车运输职业道德建设的现状，结合当前汽车驾驶员职业道德建设的实际情况，归纳出汽车驾驶员职业道德主要规范如下：

(1)爱岗敬业，钻研技术；

(2)树行业新风，创优质服务；

(3)遵纪守法，规范行车；

(4)公平竞争，讲究效益；

(5)安全第一，团结协作。

六、汽车驾驶员的职业特点

1. 汽车驾驶员职业工作环境具有随机性

驾驶员的劳动是在汽车驾驶室里进行的，他在工作中总是不停的运动着。总是从甲地转移到乙地，其间会遇到许多复杂的情况和问题，需要作出及时而准确的反应。劳动场所的流动和异地性，使驾驶员面临如下两种情况：

(1)驾驶室的相对静止和道路环境的绝对变化。

(2)驾驶员永远不会有稳定不变的工作环境。行车途中，无论是行车路线、任务性质、服务对象、环境条件都具有较大的随机性。摆在驾驶员面前的是千变万化的新情况、新问题。几乎没有同样的交通信息可以用熟悉的模式去处理。这就要求驾驶员必须具备能迅速接受和处理各种信息的能力和随机应变的能力。

2. 汽车驾驶员职业的工作方式具有独立性和风险性

汽车驾驶员工作方式的独立性，即汽车驾驶员行驶过程的个人独立操作。汽车行驶过程中更多的是依靠驾驶员本人的判断力来处理各种情况。因此，要求驾驶员具有较高的思想素质、业务素质、心理素质和遵章守纪的自觉性。

与此同时，由于汽车是一个高速运输工具，受交通环境和车辆技术状况的影响，稍有不慎，都有可能发生交通事故。与火车、飞机和轮船相比较，发生事故的概率是最高的。所以，要求汽车驾驶员具有承担风险的能力。确保行车安全是汽车驾驶员的神圣责任。

3. 汽车驾驶员工作过程具有警觉性、协调性、稳定性

警觉性，要求驾驶员在整个行车过程中经常保持警觉状态。这种警觉性的强弱与往日经验教训的深浅、行车途中内外信息的刺激、目睹发生的交通事故、随车人员的提醒和心理负荷容量的大小有关。一般说来，以往行车教训深刻、道路交通环境刺激强烈，驾驶员的警觉性就高，行车中也就能抓住突显信息，争取到应变的时间，避免险情，避免交通事故的发生。反之，警觉性差，一旦出现险情就措手不及，就会导致交通事故的发生。

协调性即在行车过程中，驾驶员要眼观六路，耳听八方，对获得的各种交通信息迅速地作出判断和决策，协调手脚动作，做到操纵离合器、转向盘、变速器操纵杆、加速踏板、喇叭、灯光和制动踏板有条不紊，使汽车按照驾驶员的意图行驶，实现人、车、路的最佳协调。

稳定性即在行车过程中，道路环境转换快，变化也快，必然引起驾驶员心理状态的变化。有的驾驶员手忙脚乱，动作失常，导致肇事。因此，在复杂危险的情况下，驾驶员应保持情绪稳定，克服惊慌和恐惧感，准确迅速地采取措施。

4. 汽车驾驶员职业在整个运输生产过程中具有服务性

汽车运输生产就是运用汽车这个运输工具，实现人和货物的空间转移。要求能够保质保量、安全、及时、经济地实现这种转移。整个工作过程是对用户、货主和旅客服务的过程。尤其是随着汽车运输市场的发展，部分地区的运力大于运量，各运输企业或个人存在着激烈的竞争，优质服务成为运输企业或个人生存和发展的关键，汽车驾驶员职业活动的服务性显得格外重要。所以，服务行业的道德准则“热情友好，用户至上，优质服务”也是汽车驾驶员的职业道德准则。

5. 汽车驾驶员职业的运输生产过程具有自觉性

由于汽车驾驶员职业的工作方式具有流动、分散和独立操作等特点，在运输生产过程中，经常遇到各种新的情况，包括操作技术、交通情况和经济业务等，职业活动有相当的选择自由

和行为自由。利用手中的转向盘既可以为广大人民群众、为旅客、货主服务,也有为他人提供用车或为个人谋取私利的机会。这就决定了驾驶员必须具备高尚的思想道德素质和遵纪守法、规范行车的自觉性。

七、汽车驾驶员职责

(1)爱岗敬业,开拓创新;
(2)安全运输,文明经营;
(3)艰苦创业,勤俭节约;
(4)遵章守纪,行为规范;
(5)尊客爱货,优质服务;
(6)顾全大局,团结协作;
(7)公平竞争,民主参与;
(8)见义勇为,弘扬正气;
(9)诚实守信,讲究信誉;
(10)降低成本,提高效益;
(11)爱车节能,钻研技术;
(12)提高素质,自强不息。

第二节　爱岗敬业　钻研技术

爱岗敬业、钻研技术是汽车驾驶员职业道德规范的重要内容之一。只有热爱交通运输事业,热爱自己所从事的汽车驾驶工作,才能利用手中的转向盘全心全意为人民服务。只有刻苦钻研技术,才能掌握本领,在平凡的岗位上干出业绩。

本节主要了解汽车运输行业在国民经济发展中的地位、发展前景,学习和掌握爱岗敬业、钻研技术的含义和内容。

一、汽车运输业的重要作用和发展前景

汽车运输业是国民经济的重要组成部分,在社会生产、分配、交换多个环节上起着桥梁和纽带作用,是社会经济活动得以正常进行和发展的主要途径。

汽车是现代化高速运输工具,越来越受到人们的喜爱。可以说,汽车运输行业是文明时代的重要象征;是人类赖以生存、国家和城市赖以发展的重要工具。人类生活离不开衣、食、住、行,而汽车运输又是“行”中最活跃、最灵活的方式。走亲访友,上班下班,离不开汽车运输。汽车运输已渗透到社会生产、流通、消费、分配等各个领域。如果没有汽车运输,从工业发达国家的发展史可以看出,在二次世界大战后,汽车运输在其经济发展中起到巨大的作用。汽车运输完成的客、货运量与周转量,在各种运输方式中所占比重逐渐增大。美国号称“汽车王国”,汽车运输在运输体系中一直处于主导的地位。西欧和日本等国的汽车运输一直是内陆运输的主力。近几年来,一些发展中国家汽车客、货运输及周转量的增长速度一般都高于其它运输方式。我国的汽车运输业发展很快,特别是改革开放以来,在汽车运输经营管理上,实行多家办运输,形成了多层次、多渠道、多种经济体制并存的运输格局,促进了汽车运输市场的发育,缓解了长期以来“运货难、车难”的问题,给广大旅客和货主提供了极大的方便,有力的促进了国

民经济的发展。

国内外生产建设经验表明，汽车运输是国民经济的“先行官”，必须优先于其它行业发展。汽车运输业必将有力的推动整个交通运输的飞速发展(图 2-3)。

图 2-3

汽车运输的重要作用，决定了它的发展前景。据推算，我国的交通运输“九五”期间将继续保持“八五”时的发展势头，到 2000 年全社会货运量 160 亿吨，客运量将达到 175 亿人次，年均分别增长 5.2%和 8.3%。由于汽车同铁路和水路运输相比，具有机动、灵活、投资少、见效快、周转速度快、直达运输以及具有很强的适应性，受自然和地理条件限制较少等优点，必将随着社会经济建设的不断发展，发挥更大的作用。可见，汽车运输行业的发展前景是广阔的。摆在广大汽车驾驶员面前的任务繁重而艰巨，每一位驾驶员必须明确自身所担负的职业责任和义务，遵循爱岗敬业、钻研技术的道德规范。职业技术学校的学生更应该树立远大理想，刻苦学习专业文化知识，为将来走上工作岗位打好基础。

二、爱岗敬业、钻研技术的含义与内容

古今中外，各行各业的职业道德规范虽然不同，但它们都包含着一个核心，那就是敬业。中华民族自古就有敬业守职的美好传统。在社会这个坐标系中，每个人都有自己相应的位置，从业人员要诚挚、专心地对待自己的工作，在自己既定的岗位上兢兢业业、恪尽职守、精益求精、乐于奉献，为社会提供良好的产品和良好的服务，这应是敬业守职的主旨。爱岗就是要求职业劳动者热爱自己所从事的职业，以恭敬、虔诚的态度对待自己的工作岗位。敬业是一种基于挚爱基础上对工作、对事业的全身心忘我投入。在具体工作中，能够自觉地承担起本职业对社会、对他人的责任和义务，有高度的责任感和使命感。敬业精神是一种奉献精神，也是全心全意为人民服务的精神，它体现了一种崇高的道德境界和高尚的道德情操，凝结了中华民族的传统美德。

在汽车驾驶员职业活动中，爱岗敬业离不开钻研技术。爱岗敬业和钻研技术的有机结合构成了汽车驾驶员的职业道德规范，使广大驾驶员对自己所从事的职业具有充分的认识，产生崇高的职业理想和职业情感，具有良好的道德行为，在自己平凡的岗位上扎实工作。平凡的岗位是实现宏伟蓝图的基础，平凡的岗位做出不平凡的业绩。由此可见，爱岗敬业、钻研技术的含义是指汽车驾驶员热爱自己所从事的职业，以恭敬虔诚的态度对待自己的工作岗位，以正确的择业观，刻苦学习，认真钻研，精益求精，不断提高技术业务水平，自觉地承担起本职业对社会、对他人的责任和义务，以高度的责任感和使命感为社会提供优质服务，做一名合格的驾驶员。

1. 热爱本职工作，忠于职守

热爱本职工作与忠于职守是紧密联系的。只有对自己所从事的职业重要作用和地位及其发展前景有正确的认识,才能对自己的职业产生挚热的职业情感,才可能迸发出忠实于自己职业的诚挚的职业理想,才能对自己从事的汽车运输事业做到忠于职守,尽职尽责。如果一个驾驶员不热爱自己所从事的职业,那么,就不可能把整个身心用在工作上,干工作只是单纯为了谋生或其他目的,那么,他在工作中就只不过是一个"挣钱机器",不会有更多的人生价值和乐趣。也不可能做到尊客爱货,优质服务。如果一个驾驶员热爱自己的职业,他就会有一种职业的自豪感、荣誉感。他的所思所想和一切都融合到职业活动中去,而不是关注自己得到多少物质报酬,而是时刻想着国家财产和旅客的生命安全,视旅客为自己的亲人,视国家财产为自己的家珍。有了这样崇高的道德境界和高尚的道德情操,就可能在平凡的岗位上做出不平凡的事业。因此,每个驾驶员想干好本职工作,首先应克服职业偏见,树立正确的择业观。这一点对于即将走上工作岗位的职业技术学校的学生至关重要。目前,我国正处在经济迅速发展阶段,急需一些业务技能高和事业心强的技术人才参与经济建设。职业技术学校的学生要有远大的理想,从国家和人民的需要出发,并结合个人的愿望和兴趣,选择适合自己条件的职业。但在现实社会中,完全根据自己的兴趣、爱好和特点去自由地选择职业是不可能的,许多人从事的职业并不是他所希望的。当个人兴趣与社会的需要发生矛盾时,应坚持从社会需要出发,正确处理好社会需要和选择职业的关系,决不能以个人的兴趣和爱好为借口放弃自己的职业。

当然,从社会的需要出发,坚守工作岗位与照顾个人的职业爱好和兴趣,与人才的合理流动是不矛盾的。每个人都有自己的个性特征和职业理想,但这种职业理想并不一定都是在选择职业之前就已经非常确定而不可改变的,由于客观条件的限制,每个人所从事的职业还不能完全符合自己的兴趣爱好和专业特长,因此应当在适当机会调换工作岗位,以便充分发挥自己的才能。况且,市场供求关系的千变万化和激烈的市场竞争,也不可避免地强制一部分从业人员脱离原来的职业,去重新学习另一种专业技能,寻找新的就业机会。因此,每个人都应该正确处理"干一行,钻一行"与变换职业、人才流动之间的辩证关系,处理好国家建设的需要与个人专业兴趣、爱好的关系,避免三心二意做工作,朝三暮四换职业的现象。然而,我们要清醒地看到,在汽车运输行业中,有少数的青年驾驶员,对汽车驾驶员职业的性质、职责不了解,也认识不到驾驶员职业在国民经济发展中的重要地位和作用,片面地只从表面看到驾驶员职业在社会上交往面广,认识人多,好办事,收入高等,但在具体工作中,遇到困难却不能面对。怕苦、怕累、怕脏、不费气力,不动脑筋,遇到"钉子"就后悔自己找了份"苦差事,没意思"。甚至有的人又盼望着换一个"高等职业",在工作中表现为对旅客态度粗暴,不爱惜货物,经常发生大小交通事故等。不难看出,象这种没有职业理想、职业情感、大事干不了,小事又不为,整天朝秦暮楚、无所事事的人,无论干什么职业都将一事无成。少数人不能正确理解和认识汽车驾驶员职业,瞧不起驾驶职业,称他们为"车夫",认为开车整天送货、接客,干不出什么伟大的业绩,甚至认为一辈子为他人服务、伺候人,没有社会地位,低人一等,其实这种认识是非常错误和片面的。在社会这个大家庭里,本身就存着"人人为我,我为人人"的关系。只要大家相互服务,根本谈不上谁伺候谁。道理很简单,乘客乘车时,驾驶员为乘客服务;当我们到商店购买商品时,售货员就要为我们服务;在医院,医生、护士不都是为病人服务吗?教师、记者、编辑、军人、机关干部,哪一个职业不是直接或间接地为他人服务呢?在我国的经济建设中,每一项成就都是由工人、农民、知识分子,也包括着我们汽车驾驶员在内的广大人民群众辛勤劳动、艰苦奋斗的结果。离开本职岗位的平凡工作,而想获得伟大的成就,那只是一种空想。

汽车业驾驶员常年搞营运，不分昼夜的奔跑，道路环境复杂，他不仅要有较强的判断能力和应急能力，而且应具备熟练的驾驶技术，还需要有坚韧不拔的毅力，爱岗敬业、无私奉献的思想品质。有人错误地认为，驾驶员的职业是赚钱的职业，“车轮一转，腰缠万贯”，但却忘了他们的辛劳和付出。汽车驾驶员常常起早摸黑，一身汗水一身油，风里来雨里去。他们挣的钱是凭自己的劳动，用辛勤的汗水换来的，并且他们多数人的薪水并不高，只是应得的报酬。还有少数人认为，驾驶员除了手中的转向盘，不需有社会责任感和事业心，这就更错了。驾驶员也是有血有肉、有灵有性的正常人，他们的心中同样装着社会、装着人民。他们的素质如何，直接关系到成千上万人的生命、国家财产的安全，影响着整个社会安定。当旅客遭受匪徒的抢劫时，驾驶员总是挺身而出见义勇为，不惜牺牲个人的一切；当国家的财产遭受重大损失时，驾驶员会临危不惧，尽力将损失减少到最小程度，甚至不惜牺牲自己的生命；当险情、灾情发生时，我们常常看到驾驶员驾驶车辆奔忙的身影……。驾驶员同样具有强烈的社会责任感。在如今高度发达的社会，如果没有车辆，没有广大的驾驶员这个特殊的群体，社会又将怎样？也许整个社会将变得瘫痪、交通阻塞、能源中断，人们的生存都将面临危险。可见，人民的生活离不开汽车驾驶员职业，国家的经济建设同样离不开广大的驾驶员。驾驶员职业是很平凡的，同样又是神圣和伟大的。每一个驾驶员要正确理解和看待汽车驾驶员职业，明确自己应履行的责任和义务，并在工作实践中，真正做到爱岗敬业。

2. 钻研技术，精益求精

爱岗敬业不仅要求我们对本职岗位真心热爱，而且应将这种热爱之情转变为勤业、精业才行。古人云：“业精于勤，荒于嬉。”只有敬业和精业相结合，才能做一个合格驾驶员。

钻研技术、精通业务是衡量职业工作者是否具有社会主义职业道德的重要标准。无论做什么工作，身在何种岗位，都要精通业务，有较高的业务能力，它是完成本职工作任务、实现为社会服务宗旨的基本手段。做任何工作都要精通业务，不精通业务，缺乏技能技术，即使他的思想觉悟再高，为人民服务的愿望再强烈，也无法保质保量的完成任务。例如，教师如果光有满腔热情，课讲不清楚，学生听不懂，就会误人子弟；营业员算不好帐，不仅影响服务质量，而且影响企业的经济效益；医生如果业务不精，不仅不能救死扶伤，而且会危害病人；一个连图纸都看不懂的车床工人很难说能生产出高质量的产品。同样，作为一名汽车驾驶员，如果没有高水平的驾驶操作技能和行车经验，就不能确保安全，就容易发生事故，给国家财产和人民生命的安全造成损失。

当前，在市场经济大潮中，企业间的竞争最重要的是人才和技术的竞争，一个企业要想在竞争中立于不败之地，首先要有一支政治思想觉悟高，技术过硬的职工队伍。汽车运输行业也是如此，汽车驾驶员工作是技术性很强的一项工作。首先汽车驾驶员驾驶技术高低直接关系国家财产和人民生命的安全。如果驾驶技术不过硬，就不能保证安全、正点、舒适、经济的优质服务，不能保质保量地完成任务。如果发生事故，就会给人民生命财产带来损失。这就对汽车驾驶员的素质提出很高的要求，不仅要有熟练的操作技能，还要有丰富的安全行车经验。

其次，汽车驾驶员技术水平的高低，直接影响运输服务质量和生产效率；影响着企业的声誉和经营效果，关系到企业的生存和发展。目前，有些驾驶员不注意平时的业务学习，满足于一知半解，认为汽车驾驶是很简单的劳动，整天开车、修车、送客、运货，不需要很多的文化和技术，结果在具体工作中经常出问题。有的驾驶员由于驾驶操作技术不过硬，在起步或停车时，操作不熟练，造成车辆不平稳，使旅客受伤。在运送货物时，由于操作不当，货物受损，使货主蒙受经济损失。例如有一个驾驶员在承担一次运输“海鲜”的任务中，当行到途中一个偏僻地区时，车辆出现了一个简单的电路故障，自己却束手无策，在途中误了两天，结果使所运载的“海鲜”全部变质，造成几万元的经济损失。我们也经常见到有少数驾驶员由于缺乏安全行车知识，对车的技术状况不了解，再加上自己的驾驶操作不熟练，在行车途中造成车毁人亡的重大交通事故。可见，钻研技术、提高驾驶技能是汽车驾驶员完成任务的最基本手段。

另外，汽车驾驶员具有过硬的技术，能高产低耗，为企业创高效益。在技术装备相同的情况下，劳动者的技术熟练程度越高，劳动生产率越高，甚至在技术装备较差的情况下，也可创造出较高的劳动生产率，劳动者的素质和业务技术水平起决定因素。在汽车运输生产中，节约材料、降低成本、高产低耗是经营者提高效益的良好途径，也是广大驾驶员发扬艰苦奋斗、勤俭节约精神的具体表现。节约材料，不是想节约就可以节约。首先要有丰富的理论知识和过硬的技术。汽车驾驶员节约材料主要是油料。节油是一项知识性、技术性很强的工作，汽车驾驶员不懂得节油的基本常识，不明白油耗与哪些因素有关，就无法采取相应的节油措施。实践证明，在同样的路面上使用同一辆汽车，由于驾驶员的驾驶技能和操作方法不同，可使油耗相差 7% ~ 15% 以上。同样，要节胎、节配件等，也要懂得轮胎、配件磨损的规律，要有较高的减少磨损的汽车驾驶技术和汽车装配技术等。驾驶员的技术水平直接影响生产效益。

由此可见，汽车驾驶员技术水平是干好本职工作的前提，要求驾驶员刻苦钻研技术，做到“干一行，钻一行”。同时，为适应当前社会主义市场经济的发展，还要提倡“精一、专二、学三”。就是说在精通本职工作的基础上，做到一专多能，进一步拓宽知识面，达到多技能、宽专业（图 2-4）。

图 2-4

三、汽车驾驶员的技术要求

随着科学技术的高速发展，汽车工业的发展日新月异，汽车的车型不断更新，其性能、结构较前有很大改进，一些先进的科学技术逐步运用在汽车上。例如电子喷射系统、电子 ABS 系统、电子自动变速系统等。面对这些新的技术，广大驾驶员要不断的更新知识，对新车型的性能、结构、材料、操作方法等进一步学习。不断研究掌握先进的理论知识，提高自己的理论水平和操作技能。并向实践经验丰富、技术水平高的老师学习，互相交流，互相促进，取长补短，认真总结成功的经验和失败的教训，把所学到的先进的理论知识运用到实践当中去，达到学以致用。只有不断钻研，提高自己，才能掌握最新的技术和先进的操作方法，才能跟上科学技术发展的步伐。

1. 汽车驾驶员要有熟练的驾驶操作技能和过硬的修车技术

汽车驾驶员通过其职业活动实践来实现为旅客、货主服务的目的，这就要求汽车驾驶员在职业技能上做到三过硬：一是要求车辆维护技术过硬。应熟悉车辆的技术性能，能独立检修、维护车辆，善于发现、诊断故障并能及时排除故障，使车辆始终保持良好的技术状态。二是要求操作技术过硬。行车中要善于正确处理人、车、路三者之间的关系，做到手脚动作配合密切，互相协调，变速时加速踏板、离合器配合适当。方向掌握稳妥，车速合理，制动运用得当，并能正确的分析和判断外界各种信息，采取相应的技术措施，保证行车安全。三是要求处理复杂和紧急情况过硬。行车中偶尔出现一些意外情况，不论是车辆本身的技术状况突然变化，还是道路和交通条件突然变化，以及驾驶员本身的驾驶错误，均可能使车辆处于紧急危险状态。面对即将出现的撞人、撞车、翻车等恶性车祸的紧要关头，要机警沉着，正确判断，及时采取有力措施，化险为夷，防止事故发生。

2. 汽车驾驶员应熟知交通法规、道路运输法规及有关安全知识

交通法规是无数交通肇事教训的总结，是保证交通安全的有效措施，每一个汽车驾驶员都应具有对国家财产、人民生命安全高度负责的安全责任感。树立安全第一的思想，精心驾驶车辆，提高安全生产的自觉性。做到遵章守纪，谨慎驾驶，自觉遵守交通法规，遵循汽车运输职业“安全第一，规范行车”的道德规范。驾驶员还要熟知各种道路运输法规，懂得有关运输经营知识。在运输实践活动中，做到合法经营，规范经营。另外还要求驾驶员自觉遵守安全操作规程，主动学习有关安全运输知识，不仅要懂理论，更要注重实践，虚心向经验丰富的老师傅学习，使自己成为技术熟练、经验丰富的优秀驾驶员。

3. 汽车驾驶员要努力钻研业务理论知识

驾驶员不仅要有过硬的技术，而且要有高水平的理论知识，既要学习掌握一些关于新型车的知识如新型车的构造、原理、修理等，还要认真学习《交通工程学》，要懂得开好车也是一个系统工程。汽车驾驶员随时随地都要正确认识和处理人、车、路三者之间的关系，学习《安全行车心理学》，在行车过程中正确分析所有交通参与者的心理状况，尽可能的减少和避免各种突发事故。

第三节　树行业新风　创优质服务

在社会主义市场经济条件下，企业的发展靠信誉、靠竞争、靠服务。汽车运输行业为社会提供优质服务，不仅是汽车运输行业立业之本，也是汽车运输行业提高经济效益、发展汽车运输业的基本条件。因此，汽车驾驶员要把树行业新风、创优质服务作为行业生产经营活动的根本，根据社会和旅客、货主的需要，及时提供“安全、优质、高效”的客货运输服务。本节主要介绍树行业新风、创优质服务的含义及重要性、内容和具体要求。

一、树行业新风、创优质服务的含义及重要性

1. 树行业新风、创优质服务的含义

树行业新风、创优质服务是汽车驾驶员职业道德的主要内容。要求驾驶员树立旅客第一、货主至上的思想。在工作中要关心、尊重、理解旅客和货主，以主动、热情、周到、耐心的服务态度和整洁、安全、经济、舒适的服务环境，向旅客或货主提供优质、高效的运输服务，用自己的实际行动为行业或企业树立良好形象。在取得良好经济效益的同时，使整个行业形成“讲道德、讲贡献、树新风、塑形象”的良好风气，推动汽车运输行业的两个文明建设。

2. 树行业新风、创优质服务的重要性

(1)是全心全意为人民服务宗旨的根本要求。为人民服务是社会主义道德的集中体现，也是人生观的核心，只有树立为人民服务的思想，才可能做到为人民、为社会负责。才能维护人

与人之间同志式互帮互助的崭新的社会关系。通过互爱、谅解、信任、关心，使人们置身于手足相亲的社会关系中。正如毛泽东同志所说："一切革命队伍的人，都要互相关心，互相爱护，互相帮助。"要自觉做到全心全意为旅客、货主服务，首先要求驾驶员克服那种只要别人为自己服务，不愿为他人服务，视服务为"伺候人"的观念和思想，确立"服务"是相互需要、相互尊重的文明行为，是社会进步的基本保证的观念。

汽车运输业是精神文明"窗口"行业，服务的对象是广大的旅客和货主，面对着货主越来越高的要求，首先要摆正"自我"位置，明确职业的职责和义务。树立全心全意为旅客、货主服务的思想。为人民服务不是一句空话，而是一个具体的行为，在具体的工作中，每一个驾驶员都要把旅客、货主的利益放在第一位，想旅客、货主所想，急旅客、货主所急，积极主动的为旅客、货主排忧解难。要经常和旅客、货主换位思考，"假如我是一个旅客或我是一个货主怎么办?"体察"在家千日好，出门一日难"的"难"字，使旅客、货主得到安全、及时、经济、方便、舒适的优质服务。

(2)是汽车运输行业树立良好形象的具体要求。一个人、一个单位都有自己的形象，一个行业也是如此。好的形象是靠行业的全体职工勤恳踏实、辛勤劳动换来的。汽车驾驶员的服务工作面向社会，直接与旅客、货主打交道，接触面广，情况复杂，服务质量的优劣，直接影响企业的形象。同时也影响企业的经济效益。

汽车运输业由于长期实行计划经济，"大锅饭"、"铁饭碗"致使运输质量方面存在的问题特别多。随着我国运输市场的建设和发展，多种经济成分共同参与运输市场竞争，有力的刺激了运输市场的发展，调动了广大经营者的积极性，使运输质量明显好转。但是我们也清醒地看到，在运输企业中，少数驾驶员仍然存在着一些旧思想、旧观念，工作中仍然存在官运作风。有少数驾驶员不能从尊重旅客、货主的切身利益出发，没有树立全心全意为人民服务的思想，只顾个人挣钱，不讲质量，不讲安全，甚至一些不文明行为伤害了旅客和货主的自尊心，在旅客和货主中失去了信誉，从而影响了整个汽车运输业的形象，这也是造成企业经济效益下降的主要原因。这一点，青岛市客运公司的模范事迹给了我们启发，该公司在山东省率先推行规范化服务，开展了"情满旅途联手大行动"，广大驾驶员、乘务员牢固的树立了"三个观念"和"四种精神"(即为人民服务宗旨不能变的观念；在奉献中体现人生价值的观念；优质服务创名牌的观念以及艰苦奋斗、勇于开拓的创业精神；敬业爱岗、以站为家的主人翁精神；自我加压、争创一流的进取精神；心系旅客、真情服务的友爱精神)，把服务由站内延伸到路上和旅客的家门口。针对不同层次旅客的要求，对老弱病残孕等重点旅客实行重点服务，把有特殊困难的旅客送到家。掀起向先进人物学习高潮，形成崇尚先进，学习先进，人人争当先进的良好风气，以优质服务为企业树立了良好的形象。驾驶员学雷锋做好事，年均达 4 900 多件，获职业道德建设标兵的称号，被新闻单位誉为"李素丽式的群体"，成为全国交通系统的文明示范窗口。由此可见，"服务质量是汽车运输企业的生命"。以优质服务赢得旅客和货主的信赖，才能使企业树立起良好的形象，同时使企业提高经济效益和社会效益(图 2-5)。

反之，低劣的服务质量，败坏行业的声誉，滋长漫延腐败之风。如在运输实践活动中，个别驾驶员把为人民服务的神圣职业作为谋取私利、肆意挥霍人民血汗的工具和手段。有的对待工作敷衍塞责，不求进取；有的带人乘车，私吞票款；有的态度蛮横，敲诈勒索旅客和货主钱物的事件时有发生(图 2-6)。这些行为严重影响运输行业的声誉，损害了行业形象，为社会所不齿，职业道德所不容。

(3)是市场经济发展的客观要求。随着国家对运输政策的开放，多种运输方式的形成，不

图 2-5

图 2-6

少地区某些领域运力大于运量，出现了买方市场。特别是汽车运输市场竞争激烈，这是运输市场化的结果，也是运输发展的总趋势。作为汽车运输经营者要想在竞争中站稳脚根，稳中求胜，必须制定相适应的市场竞争策略。而靠优质取胜作为竞争策略之一，能在激烈的运输市场竞争中发挥重要作用。这就给参与运输市场竞争的每个驾驶员提出更高的要求，只有向旅客和货主提供安全、及时、经济、方便、舒适的优质服务，才能有效争取更多的服务对象，有足够的客源和货源，使企业在激烈的竞争中求得生存和发展，这是市场经济发展的客观要求。

(4)是维护人民群众正常生活秩序的客观要求。随着经济的发展，人民生活水平的提高，人们越来越离不开汽车运输，它已成为当今社会生活不可缺少的组成部分。特别是在当前市场经济形势下，人们的竞争意识增强了，生活和工作的节奏加快了，办事效率提高了，时间观念越来越强。尤其在大中城市，人们乘车旅行都是有目的、有计划的，什么时候出门，办某件事情需要多长时间，什么时候返回，中途在什么地方换乘几点几分的车等等。而这些计划的实现是建立在汽车客运班次正点，车辆运行正点的基础上的。因此，必须要求客运班车正点，旅客才能按时出门，如期而归。这就给汽车运输行业提出更高的要求，要做到这一点不是一件容易的事。我们每一个驾驶员，必须更新观念，彻底改变以前的官运作风，从我做起，从小事做起，严格要求自己，向旅客提供规范服务，正点发车，正点运行，及时到达，保障安全，确保畅通，这样才能使旅客的旅行计划不受影响。如果做不到这一点，汽车出车晚点，中途车辆出现故障或发生交通事故，就会耽误旅客的上班、赶火车、开会、洽谈业务等。如果货物未能及时运进，造成市场脱销，人民群众的日常生活必需品供应不上，就会给人们的正常生活造成很大的不便，甚至造成经济损失。可见，优质服务是满足整个社会的需要，是维护人民群众正常生活秩序的客观要求。

(5)是提高经济效益和社会效益的有效途径。在市场经济下，运输企业走向市场，参与竞争，优胜劣汰，即无情又公平，这已被大多数人所接受。美国在80年代放松管制后，一大批运输企业开业，同时又有一大批企业倒闭歇业，部分运输企业因服务质量差失去竞争力而被市场淘汰。近几年,我国部分国有运输企业亏损,经济效益出现滑坡现象,除其它原因外,其中服务质量差是很重要的原因。由于管理跟不上,片面通过其它途径去追求经济效益,忽视“窗口”服务,服务质量差,在旅客中失去信誉,使许多旅客和货主纷纷投向个体户,造成国有企业的经济效益下降。我们经常看到这一现象,有的出租车满街跑,乘客不招手,有的旅客明明是在路边等车,中巴车停在眼前,就是不愿意上,究其原因就是一个信誉问题。有的单位的出租车、中巴车驾驶员拾金不昧,抢救危重病人,扶老携幼,受广大乘客的欢迎;而有的单位,驾驶员在外野蛮待客,“甩客”、“宰客”、打架斗殴、失窃现象等时有发生。有哪位乘客愿意去体会挨宰、挨打、挨骂的滋味呢?有这样一件事使我们很受启发:有一位中巴车个体驾驶员,在经营中积极主动的为旅客排忧解难,以优质服务受到旅客的欢迎,因此,乘坐他车的旅客越来越多,渐渐地大家都记住了他的车号,就是要坐那位师傅的车。无论何时,他的车总是客源充足。经营了两年时间,他的收入增长了近一倍。有一位青年驾驶员十分眼红,就出高价买了他的车,经营了不到半年的时间,车上的乘客越来越少,结果造成了亏损。因此,每个驾驶员都要有服务意识和效益观念,提高服务质量,改善服务态度,尽职尽责的干好工作,看上去辛苦了一点,但是,却赢得信誉,赢得顾客,提高了客运实载率。同时也提高了经济效益和社会效益(图2 7)。

图 2-7

驾驶员如果缺乏对树行业新风、创优质服务这一道德规范的认识,为了一时的蝇头小利而视旅客、货主的利益于不顾,不讲安全,严重超载、超员,盲目多拉快跑开快车,酿成交通事故,不但不能提高经济效益,反而造成更大的经济损失。所以,运输服务质量既具有重要的经济含义,也具有相应的道德意义。因此,作为驾驶员都应明白:服务质量是生存之本,讲究信誉是发展之道。比如,美国田纳西州梅特勒拖挂运输公司下设的市场营销部,每天定时与新老客户通话三次,耐心询问运输要求,态度热情,服务周到,不厌其烦,即使客户不友好,公司职工也不得有任何抱怨。这样的服务在国外司空见惯,他们以优质服务赢得信誉,赢得可观的利润。大量实例说明,优质服务是提高经济效益和社会效益的良好途径。

二、树行业新风、创优质服务的内容及要求

1. 正点及时,确保畅通

正点及时,确保畅通,就是广大汽车驾驶员在职业活动中,牢固树立为社会生产和消费服务的思想,增强职业的社会责任感;保证客运班车正点发车,正点运行,正点到达,保证货物及时装运,及时送达,尽可能地缩短旅客在途时间,确保运输畅通无阻,实现“货畅其流,人便于行”的汽车运输目标。汽车运输是社会生产和消费的桥梁和纽带,任何生产部门的生产资料不能及时运进,生产就不能正常运行;生产出来的产品不能及时运出,产品就不能及时进入消费领域,也不能实现其使用价值;旅行是人类社会现代生活必不可少的,旅行不能正点及时,人们

正常的生活秩序就会被打乱。因此,正点及时,确保畅通是汽车驾驶员的神圣职责,也是汽车驾驶员行业优质服务的客观要求。

正点及时,确保畅通的具体要求如下:

(1)发车准时。发车准时通常指汽车客运班车按照车站公布的客运班次准时发车。客运驾驶员要做到准时发车,首先要从思想上重视,要有时间观念,什么时候出车,什么时候到站,要严格按照时刻表执行。在市场经济条件下,人们的时间观念都普遍增强,时间就是效益,时间就是金钱,如果驾驶员不能正点发车,就会对旅客产生很大的影响。如果车早开了,就可能使准时来乘车的旅客乘不上车;晚点,让旅客在车上坐等,浪费旅客的时间,同时可能影响到达时间(图 2-8)。

图 2-8

因此,为了准时发车,汽车驾驶员必须做好以下几项工作:第一要提前到站,做好发车前的各项准备工作,如检查车辆停放位置是否合适,检查车辆技术状况是否正常,行包装载是否符合规定等,发现问题及时与站务人员、修理人员联系,及时解决,保证正点发车和途中行车安全;二要掌握好发车时间,随时和站务人员联系,准时起动车辆,正点发车。

货运驾驶员对发车时间不象客运那样要求准确无误,但总的要求是确保及时送达。发车延期,就会导致到达延期。因此,货运驾驶员也要有时间观念。具体做好下面几点:一要按时装好货物,因为货物装载比较麻烦和困难,所以,驾驶员要根据发车时间,事先装好货物。二要准确测算发车时间。驾驶员应根据行车路程、道路状况、天气状况、车辆流量、车辆技术状况、本人的身体状况及以往的经验测算出行车所需时间,再根据货主提出货物送达期限推算发车时间。总之,货运车辆什么时间发车,驾驶员要灵活掌握,确保货物及时送达。当运送特殊货物时,如活鲜易腐类货物,什么时候装车,什么时间发车,什么时候送达,货主有明确的要求和严格的规定,驾驶员要按照货主的要求,象客运班车一样正点发车,正点到达。

(2)正点运行,安全送达。要想使旅客、货物及时运达,除了正点发车外,还要保证途中的正点运行。客运班车在途中要路过许多汽车站和停车点,有许多半路客在这些汽车站或停车点等候上下车,这部分旅客同样有正点发车,及时到达的要求。因此,要求驾驶员要有时间观念,确保正点运行,中途除规定的站、停车点或中途乘客招手停车外,不能随意停车,不能随意绕道。行车中谨慎操作,掌握好行车速度,确保安全,及时到达。具体要求驾驶员处理好以下几个关系:一是处理好主与客的关系。就汽车运输过程来说,驾驶员是主,旅客和货主是客。但就汽车运输行业性质而言,驾驶员是向旅客和货主提供劳务服务,应该是旅客至上,货主至上,旅客、货主在驾驶员的心中应该是"上帝"。因此驾驶员应反主为客,主动、热情地为旅客、货主提供正点及时的优质服务。那种置旅客和货主的利益于不顾,自己要怎么样就怎么样的作风是要不得的。二是正确处理好公与私的关系。社会主义集体原则要求我们当个人利益与集体利益发生矛盾时,个人利益要服从集体利益,片面的追求个人利益,甚至损害集体利益,是违背职业道德的。客运晚点，货运晚期，往往是由于中途办私事造成的。有的替人买东西，带货物；有的路过家乡回趟家，碰上熟人聊聊天；有的甚至专程送客、送货等等。为了办些私事，一停几个小时，一绕几十公里。所以说，处理好以上两个关系，就是让驾驶员要认识到开车外出是执行公务，不能因私忘公，因私损公，更不能以车谋私。正点运行，安全送达是汽车驾驶员的职责，也是驾驶员职业道德的要求(图 2-9)。

图 2-9

2. 维护交通秩序，确保行车安全

目前，我国的公路状况远远不能满足汽车发展的需要，大部分地区还是以混合交通为主。我们在行车中，经常发现“一走一条线，一停一大片”的现象，交通堵塞现象和交通事故时有发生，严重破坏了交通秩序，更无正点及时可言。在这样的交通状况下，如何维护好交通秩序，确保行车安全，很大程度上取决于驾驶员遵章守纪的意识和安全意识。要想为旅客、货主提供高质量的服务，安全是关键。维护交通秩序，确保行车安全具体要求做好以下几方面：一要确保道路畅通。在行驶过程中，道路畅通无阻，汽车一路无碰撞，平平安安，才能确保正点及时。驾驶员要自觉维护好交通秩序，真正把安全放在首位。二要严格遵守交通法规和操作规程。交通堵塞、交通事故的发生往往都是由于驾驶员行车违反交通法规和操作规程所致。如驾驶员酒后开车、客货混装、熄火溜坡、无理抢道、盲目开快车等，都是导致交通事故发生的因素。驾驶员在行车途中要正确处理好快与慢的关系。杜绝思想麻痹、侥幸心理。时时刻刻把旅客、货主的安全放在心上，确保道路畅通，行车安全，为正点及时创造条件。三是加强车辆维护，及时排除故障。车辆的技术状况直接影响安全，提高车辆状况完好率不单纯是汽车修理工的职责，也是汽车驾驶员的职责，每个驾驶员必须树立高度的安全责任感，正确处理得和失的关系，做到勤检查、勤修理、勤调整。做到出车前检查，途中检查，收车后仍要检查，彻底消除不安全隐患(图 2-10)。四要自觉维护交通秩序。良好的交通秩序是车辆运行正点及时的条件，而良好的交通秩序要靠广大驾驶员自觉地加以维护。驾驶员在交叉路口、施工场所、事故现场等路段，要相互礼让，严格听从管理人员的指挥，不急不抢。遇上交通堵塞，积极配合，协助有关人员疏通车辆，以自己的实际行动，维护交通秩序，为确保行车安全，车辆运行正点及时创造条件(图 2-11)。

3. 尊客爱货，文明服务

尊客爱货，文明服务，是优质服务的主要内容，是汽车驾驶员的基本行为准则。要求驾驶员热情接待每一位旅客和货主，爱惜每一件货物，真正体现出汽车运输“安全、迅速、经济、方便”的特点，从而更好地为经济建设服务，为广大客户服务。

汽车运输是一个服务性行业，服务的对象是旅客和货主。可以说当今汽车运输行业的竞争，就是对旅客和货主的竞争，服务质量的优劣直接影响着经营者的生存和发展。要想争取市场就必须端正服务态度。每一个驾驶员必须把对货主、旅客提供满意的服务作为自己的神圣职责，以满腔热情对待工作，对待服务对象。因此，我们面对来自四面八方的广大旅客和货主，

要热情接待,认真负责,决不能冷眼、冷面,马马虎虎。尊客爱货、文明服务的具体要求如下:

(1)热情周到,文明礼貌。文明礼貌是指一个人的言谈举止合乎科学的要求和礼节的规定,有文化教养和道德修养。

图 2-10

文明礼貌是中华民族的优良道德传统,我国向来有“文明古国”之称,享有“礼义之帮”的声誉。文明礼貌要求谈吐文雅。和悦的语调是文雅的表现。同样的一句话,温和一点使人微笑,高傲一点使人暴跳。高傲的语调使人与你疏远;轻蔑或粗鲁的语气,会使人感到受侮辱,引起反感;而亲切、温和、文雅的语气使人感到温暖,受到鼓舞,并能给人的身心以愉快和美的享受。文明礼貌已成为公共生活道德特别是日常生活道德的重要内容,是人们在公共生活中相互交流时最简单、最起码的道德要求,也是广大驾驶员都必须遵守的道德准则。

图 2-11

热情周到、文明礼貌是发展汽车运输必须坚持的宗旨。汽车运输业是社会公用事业,发展运输事业的根本目的不单纯是为了盈利,而是更好的适应四个现代化建设和人民生活的需要。服务质量的高低,标志着一个运输企业经营管理水平的高低,也反映出一个单位、一个行业、一个地区乃至一个国家的精神面貌。

在日常生活中,当我们走进商店买东西时,总希望得到服务员友好的接待;当我们走进餐馆就餐时,也总渴望得到热情、周到的服务。同样,当旅客乘车时也渴望得到热情周到、文明的优质服务,得到驾驶员、乘务员的尊重。如果我们每个人之间都能相互尊重、相互理解,那么我们的社会将是高度文明、和谐的整体。因此,要求我们每一个驾驶员必须提高服务意识,以文明礼貌的态度,方便周到的服务,热情接待好每一位乘客、货主,使他们既受到人格的尊重,又得到乘运需要的满足。热情周到、文明礼貌有下列具体要求:

①语言美。文明的语言有助于形成相互尊重、礼貌和谐的气氛。我们在工作当中,要特别注意用文明的语言、和蔼的态度对待旅客、货主,使对方感到亲切、友善,体会到人与人之间相互敬重的情谊,也体现汽车驾驶员的品质涵养。俗话说“良言一句三冬暖,恶语伤人十日

寒”。汽车驾驶员语言美，从根本上讲，就是要从语言上尊重旅客、货主，关心爱护旅客、货主，不能说粗话、脏话，尤其不能在女士面前有过激和“越位”的语言，杜绝使用不礼貌用语。如称呼“老头儿、老太婆、喂、哥们儿”等；上、下车时，“去不去，不去下车、路不好”；旅客问路时，“不知道，你自己去问”；付费时，“没零钱了，你将就吧”、“计价器就这样，给钱吧”、“坐不起，别坐啊”、“给这几个钱，打发要饭的呢”……。在与乘客、货主交往中，要多用敬词并尽量使用普通话，要求清晰、流畅、亲切。使用文明用语如（请、您好、谢谢、对不起、再见等），恰当使用称呼，如对老人称“老大爷”、“老大娘”、“老同志”；对小孩称“小朋友”、“小同学”；对一般旅客称“您”、“同志”；对团体旅客称“同志们”、“旅客们”、“女士们”、“先生们”；对国外来宾、海外侨胞等称“先生”、“女士”、“夫人”、“太太”、“小姐”等等。使用文明语言的同时要注意表达的态度和语气。诚恳的态度，和颜悦色。礼貌地与乘客说话，最能使乘客产生好感。即使遇到不讲理的旅客也不能急躁，语言不能生硬、粗暴，要态度和气、宽容忍让、耐心说服，以免伤害旅客的自尊心。常见不文明语言行为有：语言粗暴、态度恶劣、出言不逊，恶语伤人、失礼不道谦、无礼凶三分等。

②提倡微笑服务。驾驶员在讲语言美的同时，还应该做到微笑服务。俗话说的好“人无笑脸休开店”、“脸带三分笑，礼数已先到”。日本人非常重视提倡微笑服务，认为“微笑是通往全世界的护照”。在接待旅客、货主的过程中，微笑也是一种礼貌行为，是一种无声的语言。在汽车运输经营过程中，应提倡微笑服务，把文明语言和微笑服务很好地结合起来。有些人可能提出疑问“我们驾驶员也需要微笑吗？我们的任务是把旅客、货物安全及时送到目的地就可以了，微笑是与此无关的事”，但细想一下，就不是这么简单了。旅客坐在汽车上都有程度不同的“不安”感觉，在心里上会产生对驾驶员表情和动作的依赖感，这时驾驶员用微笑和亲切、友好、善良的形象感染客人，使客人感到心情愉快，且有一种安全感。驾驶员表现出来的真诚、热情、周到、细心，使客人感到自己受到尊重，有种舒适和方便的感觉。驾驶员要把微笑服务作为自己的服务规范。通过微笑服务沟通与旅客、货主的感情，使自己和对方都得到满足。得到满足的驾驶员会更加精神饱满，对安全运输充满信心。反之，驾驶员板着脸，很容易使旅客误解，造成与旅客的关系紧张甚至发生争执，影响驾驶员的情绪，影响运输安全。可见，微笑服务是优质服务的内容，每一个驾驶员都要认识到微笑服务的重要性，在工作中开展微笑服务。

③注重职业仪表。汽车驾驶员应注重自己的仪表和讲究礼仪，特别对客运驾驶员，这是规范服务的重要标志。

在汽车驾驶经营活动中，要使旅客、货主受到尊重，就必须注重职业仪表。驾驶员端庄的仪态、整洁的衣冠，可以给人热情诚恳、和蔼可亲可以依赖的感觉，并显示出驾驶员谦恭有礼、干练洒脱、落落大方的风度，使旅客、货主感到格外亲切。汽车驾驶员在同乘客打交道时，要仪表端庄、稳重大方。试想一个“蓬头垢面、长发披肩、满脸胡须、衣衫破旧”的驾驶员会给乘客留下什么印象？可以肯定地说，那些仪表不端和“粗话”、“脏话”满嘴的驾驶员的生意和经济收入是不会好的。例如，一个不注意仪表的驾驶员，驾驶一辆新型豪华车搞客运，在招揽旅客时衣冠不整、满脸胡须，尽管他想热情待客，可总是效益不佳，他却不以为然，后来，他收到一位小姐的来信，写着“先生：你的仪表与你的服务、漂亮的车子不协调，您的形象使我们害怕……”。此后，这位驾驶员深为自己不文明的习惯而愧疚，认识到举止文明在自己经营活动中的重要性，决心以此为戒，注重自己的言行举止，讲究仪表和装束，乘客越来越多，效益也很可观（图2-12）。

另外，驾驶员不仅要注意自己的仪表和装束，而且要注意自己的行为、动作，注意坐、立、行的姿势。俗话说:“坐有坐相,站有站相,走有走相”。汽车驾驶员驾驶车辆也要有正确的驾驶姿式。汽车驾驶员正确的驾驶姿式和熟练的操作技能,不仅能减轻驾驶员自身的疲劳,而且能使旅客有安全舒适的感觉,这也是一种文明行为的表现。反之,驾驶姿式不规范,驾驶车辆时吹口哨、与他人谈话、口叼香烟等不文明行为,往往会给人以不庄重、不安全的感觉。所以说,汽车驾驶员要注重自身的仪表和装束、动作和习惯,使之与社会环境、与职业特点及其个性相协调。

图 2-12

那么驾驶员怎样才能做到仪表端庄呢?服装鞋履清洁、平整;配备识别服的驾驶员必须穿着识别服;必须佩戴服务标志;不穿短裤、汗背心、袒胸服装及其他内衣;衣扣、裤扣齐全扣好;穿西服或中山装不得卷袖、卷裤脚;不随意解开纽扣、领带或衣冠不整;女驾驶员不穿裙子、不穿高跟鞋、拖鞋或赤脚;发型大方、梳理整齐,女不披肩散发,男不留盖耳长发,也不理光头,不蓄长须;不说粗鲁话,多用文明用语,待客热情,举止讲究文明礼貌;不在乘客面前抓耳搔腮,不主动与女乘客握手;未经乘客同意,不能在车厢内吸烟等。

④周到细致。汽车运输服务是为不断满足旅客乘行的各种需求而进行的服务活动。如何为乘客提供方便而周到的服务,尽力满足旅客的各种实际需要,是体现我们热情服务的主要内容,也是广大汽车驾驶员的道德责任和义务。首先,要做到安全、方便,满足旅客的需要。安全,是我们向旅客提供优质服务的前提条件,也是旅客的最基本要求。没有对旅客的安全保障,也就不会有良好的服务。在行车中,要时时刻刻把旅客的生命安全放在心上,谨慎操作,尽量使汽车行驶平稳;尽可能避免紧急制动或急打转向,使旅客有舒适、安全感。上下车辆时,提醒乘客不要拥挤,排队上车,车未停稳,旅客不得下车;上车后提醒旅客坐好,系好安全带,头、手不要伸出窗外等等。对老、弱、病、残、孕妇及怀抱婴孩等旅客要进行重点服务,体谅他们的难处,从感情上激发起为他们服务的热情,积极为他们排忧解难,注意他们的上下车安全,搀一把,扶一下;上车后主动给他们安排好座位,并委托邻座给他们提供方便;有条件的情况下,为他们转车提供方便,帮助买好票,送上车。要甘愿做老人的拐杖,聋人的耳朵,盲人的眼睛,哑人的嘴巴,使他们感受到社会主义大家庭的温暖(图 2-13)。一些长途直达客车为方便乘客,在车上准备好茶水桶、茶具、洗脸盆、毛巾、报刊、针线包、晕车药等服务用品,对旅客体贴照顾,服务周到。只有这样才能使企业赢得信誉,获得良好的社会效益和经济效益(图 2-14)。

另外,在接待旅客或货主时,还要做到一视同仁,真诚相待,不要看到衣着华丽、有气质、有身份、漂亮的旅客就热情接待,而看到农村来的旅客就爱理不理。应把所有的旅客视为自己的服务对象,真正做到文明待人、礼貌服务。反对那些看客施礼、厚此薄彼、以貌取人、以财取人的做法(2-15)。

随着我国经济的对外开放,港、澳、台胞,海外侨胞以及国际友人越来越多地来到大陆观光旅游、洽谈业务、外事访问,面对众多的客人,驾驶员作为“民间的外交官”,既要按照国际惯例礼貌友好的接待,又要注意维护国家民族的尊严,既不盛气凌人、狂妄自大,也不能低三下四,妄自菲薄,要做到不卑不亢,自尊自爱(图 2-16)。

图 2-13

图 2-14

图 2-15

图 2-16

⑤保持良好的车容车貌。保持好车容车貌也是讲文明礼貌的表现。汽车是流动的公共场所，人来人往，川流不息，保持环境的优美和良好的车容车貌十分重要。驾驶室是汽车驾驶员的工作场所，驾室内环境条件如何，对驾驶员安全行车有着直接的影响。室内条件好，能使驾驶员精神饱满，保持良好的情绪与心境，可以有效减轻驾驶员的疲劳，有利于行车安全。另外它对减轻旅客旅途疲劳，保护旅客、货主、押运人员的身心健康，防止疾病传染都有一定的作

用。因此，驾驶员要把车内外的卫生打扫干净，保持清洁，养成一个讲卫生的好习惯，给旅客创造一个良好的乘车环境。这是树行业新风、创优质服务的具体要求，是社会主义精神文明建设在我们职业活动中的具体体现(图 2-17)。

(2)维护旅客、货主的利益，为他们排忧解难。俗话说："在家千日好，出门一时难"。旅客出门在外，没有亲人，没有朋友，人生地不熟，经常遇到困难，怎样消除旅客、货主的"难"，是广大汽车驾驶员的神圣职责。我们应该视旅客、货主为亲人，想旅客、货主之所想，急旅客、货主之所急，及时为他们排忧解难。要及时回答旅客、货主提出的问题，做到有问必答，帮助他们做力所能及的事情。要尊重旅客、货主的人格，如果遇到少数旅客无理或失礼的情况，汽车驾驶员也要有宽容、忍让的服务态度，应根据事实真相采取有理、有节、有利的工作方式处理问题。要保全旅客的面子，对个别乘客不道德的行为，也要耐心地向对方做出解释，说服教育，而不能穷追不放。但这种宽容绝不是纵容，不是无原则的迁就，对于邪恶行为和无端的滋事者，也要讲究原则。例如个别旅客携带危险物品乘车，驾驶员要及时对其说明带危险物品上车的严重后果，通过耐心说服教育使其主动放弃，绝不能宽容旅客，使其带危险物品坐车。另外，要主持正义，敢于同坏人坏事做斗争，见义勇为，确保旅客、货主的利益不受侵犯。在行车中，客车运输经常遇到歹徒在车上行凶作案，如偷、抢、敲诈等违法行为。在货运中经常遇到不法分子抢劫汽车，偷抢货物等违法行为。作为一名驾驶员，在旅客、货主的生命财产安全受到威胁时，不能袖手旁观，要挺身而出，见义勇为，要不计较个人安危，大义凛然，主持正义，弘扬正气(图 2-18)。旅客、货主是上帝，热忱服务，安全驾驶是本职，驾驶员必须具备防范劫匪的正义感和保护旅客安全的强烈意识，做到有备抗凶，化险为夷。如有位驾驶员在开车前常讲这样一番话："旅客同志们请坐好，请保管好你们的钱财和旅行包，希望我们一起顺利安全到达目的地"。话中既唤醒旅客的警惕性，又隐含对偷抢之徒的震慑之意，多年来这位驾驶员从未遭受抢劫之害。

图 2-17

图 2-18

保护旅客、货主的利益，就是保护自身的利益，这是每一个驾驶员的职责，是我们履行对旅客、货主的道德义务和法律义务。

(3)爱惜货物,文明运输。汽车货物运输服务就是按照货主的要求,保证货物按时、保质、保量地运到指定地点。服务工作的好坏直接影响到国民经济发展和人民群众的生活安定,关系到各行各业的生产。因此,努力提高货物运输质量是货运驾驶员的基本道德要求。目前,我国发展社会主义市场经济,城镇之间、城乡之间的物资交流飞速发展。每天祖国南北之间、东西之间有大量的农副产品,日用百货在流通,粮食、棉花、蔬菜、水果以及肉类、禽、蛋、鱼、布匹等都要通过汽车运输来满足工农业生产和人民群众的生活需要。汽车货运驾驶员只有对人民财产高度爱惜,做到文明运输、减少损耗,才能使汽车运输的特点和优势得到充分发挥。要想做到爱惜货物、文明运输,首先要求驾驶员有熟练的操作技术和保持车辆技术状况的完好。如当汽车装载的是食品、鲜活物品或易碎物品时,应仔细检查装货是否稳固,不能混装其它有害物品;在开车前做好车辆的日常检查维护,在路途中注意检查;在驾驶操作时应尽量使车辆平稳,通过凹凸不平路面或转弯、超车、会车时一定要注意速度不能过快,途中要防雨、防火、防盗、防腐、防撞;对货物按时、定点检查,保证货物完好无损运达目的地(图 2-19)。

另外,汽车驾驶员要有良好的服务意识和服务态度。由于汽车驾驶员要同许多货主打交道,要承运交付成千上万件货物,如果服务意识不强,承运原料不能及时到达,就会耽误生产,直接造成经济损失。所以,一切为货主着想,提高货物运输质量,以主人翁责任感热情对待货主,爱惜承运的货物,做到及时安全的运输,才能使货主满意。其次,我们还会碰到特殊货物的运输,如超大件物品、特种货物以及各种易燃、易爆等危险品的运输。这些物品的运输工作难度很大,风险也大,要树立勇挑重担、不怕困难的作风,严格按照道路运输法规和对待特殊货物装载的规程办事;要有严谨的工作态度和科学的工作精神,切忌盲目蛮干;要熟知车辆、车次,充分了解这些物品的性能、规格和注意事项,对车辆经过的道路要进行分析研究,对途中可能遇到的意外情况要有充分的估计。此外,定时、定点检查货物,出现异常及时采取措施,还要配备相应的措施和劳动防护用品,做好防雨、防火、防盗、防腐、防颠、防撞工作,保证货物完好无损到达目的地。

图 2-19

在运输实践中,有个别货运驾驶员缺乏责任感,只管开车,不顾运输质量,对货物装载好坏不管不问,认为装卸货物是装卸工的事,不能配合指导装卸工合理装载,在运输过程中,不爱惜货物,经常出现货损货差,给货主造成经济损失(图 2-20)。所以,在汽车运输第一线工作的驾驶员只要树立对旅客、货主、对人民生命财产高度负责的责任心、事业心,就能提供热情周到、文明优质的运输服务。

4. 诚实守信

诚实守信就是言行跟思想一致,不伪装、不虚假,说话办事讲信用。诚实与守信二者有着密切的联系,诚实是守信的思想基础,守信是诚实的外在表现。只有内心诚实,待人诚恳、真挚,做事才能讲信用,有信誉。

中华民族历来崇尚“诚实守信”这一做人美德。孔子说:“人而无信,不知其可也”。在市场经济条件下,诚实守信仍然是经营者必须遵守的准则。在汽车运输行业中,诚实守信是经营者追求经济效益的基本手段,成为树行业新风、创优质服务的重要内容。每一个汽车驾驶员必须充分认识到诚实守信的重要作用。信誉要靠广大驾驶员的优质服务赢得,如果个别同志工作失职,就会在社会上产生不良影响,使行业失去信誉。因此,需要我们共同努力,维护好行业信誉。名牌产品之所以能在竞争中处于有利地位,就是因为它的牌子本身就是信誉的象征,它本身就是一笔巨大的财富。在汽车运输行业中,我们经常见到这样的现象:有的出租车在城区满街转,即使乘客在等车也不愿意上车,有的出租车却乘客不断;在同一路线上跑客运,有的车总是客满,而有的车却客源不足。究竟是什么原因呢?这也是一个服务质量和信誉问题。拥有信誉,就等于把握了在竞争中通向胜利之门的钥匙。在我国商界历来有“信誉比金子还贵”的谚语。在汽车运输市场发展中,诚实守信成为运输经营中制约虚假欺诈,维持经济秩序,调节社会人际关系,缓和社会矛盾,保证市场经济正常发展的有力武器。

图 2-20

汽车运输市场的竞争,在一定意义上说是争取客源和货源的竞争。谁能赢得旅客和货主的信任,谁就能在竞争中取胜。关键在于要在他们的心目中建立起良好的信誉。驾驶员与旅客和货主的关系,不单纯是运送与被运送的关系,而是一种服务与被服务的关系,服务质量的好坏直接影响到行业声誉。每一个驾驶员必须改变观念,端正思想,真正地把旅客、货主视为“上帝”。把为旅客、货主提供安全、舒适、文明的优质服务,视为自己应尽的职责和义务。通过优质服务,使他们产生信任感和安全感,产生还要乘坐你的车的欲望,成为你的回头客。有的运输企业和个体运输经营者为了赢得信誉,建立了服务承诺制,对服务项目、服务标准等公开向社会承诺,并设立旅客、货主批评意见台和热线电话,发现违诺现象,向旅客和货主公开认错道谦或进行必要的赔偿。通过承诺服务,服务态度明显好转,正点率大大提高,货损货差现象明显减少,使旅客和货主增加了信任感。诚实服务的反面是欺骗,不讲信用。俗话说“企业无信自堵财源”,如果个别驾驶员服务质量出现问题,不仅使自己的车信誉下降,而且直接影响到企业乃至一个行业的信誉。没有信誉,企业就无效益,无效益就将被无情的竞争驱逐出局。可见,信誉是企业自主经营的生命线,是企业的命根子。在社会主义市场经济条件下,许多行业或部门推出社会服务承诺制,这是诚实守信的进一步体现,给优质服务增添了新的更加深刻的内涵。

社会服务承诺制简称承诺制,是指要求承担社会服务职能的各单位把自己的服务内容、服务标准、服务程度、服务时限、赔偿标准和投诉程序等公开向服务对象作出承诺,并接受社会监督。社会服务承诺制是对传统道德中讲求“信义”思想的继承和发展,是当前加强职业道德建设的新尝试。从内容来看,社会服务承诺制使职业道德规范更为具体化、细化和量化。它对部门的社会服务职责、应尽的义务以及所需达到的标准、办理的程序、办事的时间和违约责任都作出了明确的具体规定。例如,某客运公司的承诺书中写道:保证每班次正点发车,时差不超过1min,正点到站,时差不超过5min,并向您提供热情、周到、安全、舒适、文明的优质服务。如果您对我们的服务不满意,可先向我处投诉。投诉会在3日内得到答复,10日内处理完毕;如果没有及时答复的,每拖延一日,扣罚责任人20元人民币作为投诉者的补偿;遇特殊情况无法在承诺的时间内处理完毕,我们将向您作出解释;给您造成麻烦或不便的,将向您赔礼道歉;因违诺造成损失的,由我处负责赔偿……。这对运输企业的要求更具体了,有了无可争议的明确标准。比过去的"服务公约"之类的规定更规范化、具体化,并便于公开,可有效地监督和操作。目前,建立社会服务承诺制成了热门话题,各行各业都向社会作出承诺。汽车运输行业部分经营者通过实施服务承诺制后,使广大旅客和货主感受到它的好处。山东省烟台市公交公司向公众承诺末车正点率达100%,正点时差每次不超过3min,并制定严格的奖罚办法,制定了一套制约连动机制,使得公交服务质量迅速提高,乘车难现象大为改观,大大方便了百姓的工作和生活。通过承诺制,使汽车驾驶员的服务优劣与个人利益相联系,调动了驾驶员的工作积极性,促使其严肃认真地对待本职工作,有利于培养人们的敬业、乐业精神。

服务承诺制给汽车运输经营者赢得信誉,但能否信守承诺,真正把这种信誉维持下去,却不是一件容易的事情,需要广大汽运职工,特别是汽车驾驶员共同努力。承诺,即答应了的事情一定要做到。承诺就是一种信用,其关键在于"践诺","有信必诺,有诺必践"是承诺的核心。要求运输经营者根据广大旅客和货主需要,做出自己有能力实现的合理服务承诺,并严格履行诺言,兑现承诺内容。反之,不履行诺言,不仅违反诚信的原则,而且也将使行业失去信誉,最终被市场淘汰。

第四节　遵纪守法　规范行车

遵纪守法、规范行车是结合本职业的特点提出的道德规范。它是汽车驾驶员职业道德的重要内容,是汽车运输生产特点和安全运输规律的反映,是实现优质运输服务的客观要求。本节主要介绍遵纪守法、规范行车的重要性及其主要内容。

一、遵纪守法、规范行车的含义

遵纪守法、规范行车的含义是指驾驶员要严格遵守国家的法律、法令和有关政策,严格执行汽车运输职业纪律,严格执行单位的规章制度,服从调度指挥,在法律、纪律规定的范围内活动,自觉维护国家利益和集体利益;在运输生产过程中,谨慎驾驶,精心操作,把影响安全的不良驾驶习惯和驾驶作风,统一到效能法规和安全操作规程上来,使行车逐步规范化,确保安全行车和运输生产顺利进行。

遵纪守法、规范行车尽管概念不同,但两者的道德要求是一致的。实际上就是要求驾驶员正确处理好两个方向盘的关系。即人生方向盘和汽车转向盘的关系,也就是服务宗旨和服务技能的关系。为什么要开汽车,为谁开汽车,怎样才能开好车。每个驾驶员必须认识到全心全意为旅客、货主、运输用户服务的人生观是第一方向盘,只有提高守法意识和服务意识,树立爱岗敬业、无私奉献的思想,才能掌握好汽车转向盘。所以说,遵纪守法是规范行车的前提,是汽车驾驶员职业道德的客观要求。

二、遵纪守法、规范行车的重要性

遵纪守法、规范行车作为汽车驾驶员职业道德规范的主要内容，是汽车运输生产的特点和安全运输规律的反映，是实现优质服务的客观要求，是人民群众和各行各业对汽车运输企业的强烈呼声。认真遵循这一职业道德规范，有利于确保道路安全畅通，维护交通秩序，开展优质服务，树立运输行业的良好形象，对促进整个汽车运输业的发展具有十分重要的意义。

1. 遵纪守法、规范行车是发展社会主义市场经济的客观要求

法律和道德是市场经济的心脏和大脑，"德"、"刑"并举，"礼"、"法"双行会在市场经济中发挥巨大作用，有力保证市场经济的健康发展。法律和道德是市场经济不可缺少的两个规范，其中道德规范起举重轻重的作用。

目前，我国各种法律正处在不断完善的时期，其作用的范围也越来越大，但法无俱细，总有少数政治思想素质低的人专门钻法律的空子，大错不犯，小错不断，干尽了缺德的事，在社会上造成很坏的影响。

在我们汽车运输实践活动中，也有少数驾驶员，他们道理也懂，交通法规背得也很熟，可就不按规定办事，有的只图个人方便，行车过程中马马虎虎，粗心大意，把交通法规和安全制度置于脑后；有的驾驶员存在侥幸心理，总以为出事的可能性很小，因而明知故犯(图 2-21)。还有的少数驾驶员在金钱和利益的驱使下，干出损人利己、损公肥私的事情(图 2-22)。

图 2-21

图 2-22

这些现象的存在，严重影响了交通运输行业的声誉，使企业的运输生产遇到很多困难，有的甚至直接引发重大交通事故，直接影响国家财产和人民生命安全。因此，把遵纪守法、规范行车作为汽车驾驶员道德规范提出来，有着重要的现实意义。

2. 遵纪守法、规范行车是汽车运输行业特点的要求

汽车运输生产的主要特点之一是车辆流动分散和驾驶员独立操作。货运驾驶员天南海北到处跑，客运驾驶员也日夜在线路上奔忙，节假日也不能休息。一方面他们参加政治学习少，

接受教育的机会不多；另一方面在运输生产过程中，单位领导难以直接管理，途中遇到各种情况包括操作技术和经济业务等情况，都要由驾驶员自己独立判断和进行处理。有的驾驶员说："六只轮子一双手，出场之后我自由"。汽车是高度现代化的运输工具，灵活、机动和方便。由于是一个人独立操作掌握转向盘，驾驶员有为他人或自己提供用车办事的条件，这就取决于驾驶员思想道德素质的高低，取决于驾驶员遵纪守法的自觉性。如果驾驶员放松对自己的要求，不遵守运输纪律，陶醉于职业上所谓"优越性"，那么就会从贪小利开始，逐渐发展到违法违纪，甚至触犯刑律，给企业带来严重的损失，最后也害了自己，这样的教训是不少的。

对出租汽车行业的驾驶员来说，自觉地遵纪守法显得尤为重要。出租车最大的特点是单独作业，没有固定的活动区域和行驶路线，少数作风不正的驾驶员借此搞歪门邪道，坑害旅客，牟取私利，消除这些不正之风，光靠行政管理不会有很大作用，关键是靠驾驶员的自觉性。针对这一情况，要求一方面建立健全各种规章制度，深化市场改革，从物质利益原则上调动驾驶员的生产积极性；另一方面加强遵纪守法、规范行车的道德教育，强化自我约束能力。

3. 遵纪守法、规范行车是安全运输的保证

汽车运输是一个特殊的物质生产部门，它的生产属性决定了安全的重要性，没有安全不存在运输，安全是汽车运输生产客观规律的反映。汽车驾驶员肩负着确保国家财产和人民生命安全的重任，安全运输，是汽车驾驶员最基本的职责，学习和遵循遵纪守法、规范行车这一道德规范，有利于强化驾驶员遵纪守法的意识和安全意识，增强安全责任感。遵纪守法、规范行车是安全运输规律的要求，是安全行车的保证。可以从以下两个方面认识：一方面，遵纪守法是安全运输的保证，遵纪守法是人们从事职业活动最基本的要求，也是干好工作的根本保证。对汽车驾驶员来说，要做到安全运输，遵纪守法是前提。在当前，有少数驾驶员不学法，不懂法，法律意识淡薄。他们错误的认为，现在是市场经济了，独自驾车在外，干点违法违纪的事，无人知晓，无所谓。但又害怕被单位发现或被交通管理人员查出，心理上产生恐惧感，心理压力过大最容易发生交通事故。俗话说"十次事故九次快，多次事故由私来"。这是多年行车经验得出的结论（图 2-23）。另一方面，规范行车是安全运输的保证。驾驶员在驾驶过程中，必须严格遵守汽车安全驾驶操作规程和交通法规，严格按照操作规程所规定的程序进行操作，做到规范化、标准化。正确的操作方法不仅能使汽车保持良好的技术状况，还能培养驾驶员良好的驾驶作风与驾驶习惯，预防交通事故和机械事故的发生。所以说，只有遵纪守法、谨慎驾驶、规范行车才能真正做到安全运输（图 2-24）。

三、遵纪守法、规范行车的内容

遵纪守法、规范行车是汽车运输行业的主要道德规范，汽车驾驶员认真学习这一规范，有利于提高遵纪守法意识和安全意识，使驾驶员真正做到规范行车。

1. 自觉遵守交通法规

交通法规是国家行政机关依法制定的有关交通管理方面的条例、规定和技术标准的总称，它属于国家行政法的范畴。交通法规是交通管理的法律依据，是参与道路交通最基本的行为准则，是交通道德的最低标准。交通法规是用鲜血换来的经验教训的科学总结，遵章行驶是汽车驾驶员职业道德的核心，《中华人民共和国道路交通管理条例》中规定的右侧通行制度及安全原则、交通信号、交通标志、交通标线、车辆装载、车辆行驶等有关规定，均应成为驾驶员的自觉行为。

目前，我国交通状况仍以混合交通、平面交叉为主要形式，各种车辆、行人混杂。在这样的

图 2-23

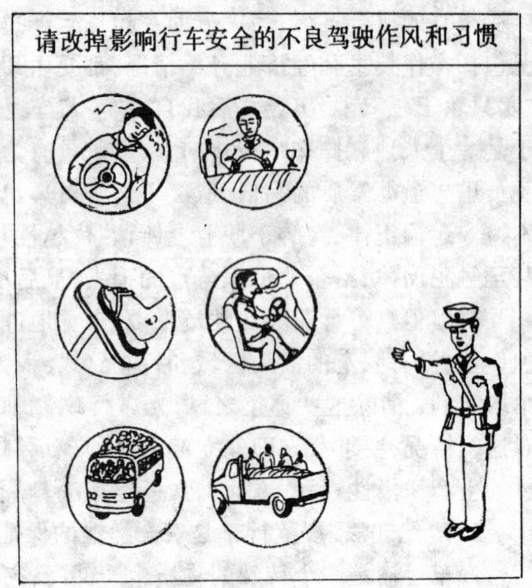

图 2-24

交通环境下，行车当中遇到各方面的干扰是客观存在的，要求广大驾驶员采取客观的、实际的、礼貌的态度，把这些干扰统一在《交通法规》的制约上。作为一个汽车驾驶员在其职业活动中，最重要的是自觉遵守交通法规。俗话说:“交通法规是您的生命之友”。严格遵守交通法规和自觉遵守交通法规是有区别的，严格遵守交通法规是法律规范的要求，带有强制性。而自觉的遵守交通法规是一个道德要求，主要诉诸于社会舆论和个人的觉悟程度。由于两者凭借不同的手段来实现自己的职能，则产生的效果也不一样。这种自觉性不是驾驶员所固有的，而是加强职业道德教育和自身道德修养的结果。因此，每一个驾驶员首先要高度认识到遵纪守法、规范行车的重要意义，认真学习交通法规及安全制度，做到知法、懂法、用法，做到知行统一，并把能否自觉的遵守好交通法规当作衡量一个驾驶员职业道德水准的重要标志，形成遵纪守法、规范行车的好风气。不学法、不懂法、知法犯法是可耻的，不道德的。要做到遵纪守法、规范行车不是一件容易的事情，不仅要有较高的技术水平，更要有良好的道德涵养，要从学员开始做起，从严要求自己，有意识的磨炼自己，具体做好以下几方面:

(1)自觉培养遵章行驶的意识。作为一名驾驶员无论何时何地都应当自觉遵守交通法规，规范驾驶车辆。不应该有交通警察就遵章行驶，没有交通警察就违章行驶;不应该在一般情况下就照章行驶，在特殊情况就违章行驶;也不应白天照章行驶，夜间违章行驶。必须强化遵章行驶意识，必须自觉坚持，并贯穿在整个驾驶实践活动中。

常见的不道德的交通行为有:

①争道抢行，危及安全。车辆通过交叉路口或在无分道线的路面上行驶时，争道抢行，互不相让，大货车驾驶员认为大货车质量大，不怕撞，往前挤，而小型汽车驾驶员认为小型汽车方便灵活，有提速快的优势，两方都存有对方一定减速让行的侥幸心理，这是很不安全的，隐藏着严重的事故隐患(图 2-25)。

②乱停乱放，妨碍交通。在禁停路段或没有禁停标志的路段随意停车，比如停在路中间、停在路口、停在公共汽车停车点、停在消防队门口、或者想停车就停车，影响了正常的交通秩序以及其他车辆和行人的正常通行。随意停车还可能诱发追尾事故(图 2-26)。

图 2-25

(2)要有文明行车意识。文明行车就是在行驶中“礼让三先”、尊重对方、理解对方，并表现出牢固的法纪观念和高尚的道德涵养。在道路上驾驶车辆，就像一个人在社会生活中的举止言行一样，反映出驾驶员的修养和道德品质。文明行车的基础是遵章行驶，并表现在驾驶活动的每一个环节上。不论从驾驶员的驾驶姿式、操作动作，还是对路面交通情况的处理等方面都能表现出来。我们在行车途中，经常遇到对自己有利或对自己无利的情况，这就要求驾驶员具有良好的心理素质，用良好的职业情感来调节自己，时刻保持清醒的头脑。特别是遇到对自己不利的情况，如争道抢行、占道行驶、强行超车等无理行为，都应该冷静对待，切不能感情用事，要有宽容、大度、忍让的态度，处理好有理与无理的关系。所谓有理让无理，就是按交通法规行驶的一方，如发现违章行驶的一方已危及交通安全，从而有理一方采取减速、避让或停车，主动放弃通行权利，让无理的一方先行，从而保证交通安全。有理让无理是文明行车的表现。尽管自己受点委屈，但预防了交通事故的发生，使自己精神上会得到满足。同时，对无理的一方也是一次无言的教育。只有这样，才能使汽车驾驶员逐步形成相互理解和谦让的交通道德品质，逐步形成和谐、安全的交通环境(图 2-27)。

图 2-26

常见的不文明行车的交通行为主要有：

①故意不让，制造险情。在会车和超车时，常出现故意不让的无理行为。在会车时，有条件避让的一方应让无条件避让的一方先行，前面有障碍的一方应让无障碍的一方先行。如果会车故意不让，往往迫使对方勉强避让，或强行会车，从而就有可能造成险情(图 2-28)。若被超越的车辆故意不让时，会迫使超越车辆跟随行驶，或者强行超车。强行会车和强行超车都潜伏着极大的不安全因素(图 2-29)。

②有意报复，制造险情。在行车过程中，当其他车辆和行人妨碍了自己的正常行驶时，就有可能产生不满心理，从而有意地报复对方。例如有一骑自行车的人在路中间行驶，见汽车来了故意不让路，驾驶员跟随其后产生不耐烦的情绪，于是与行人怄气，用车身向路边逼行人，或突然鸣气喇叭恐吓对方，或用碎物抛向对方等，这是很不安全的，也是很不道德的行为(图 2-30)。又例如在超越车辆时，被超车辆让路不及时，从而产生有意的报复心理，结果造成交通事故。有意报复往往是驾驶员丧失理智的驾驶行为，是非常危险的(图 2-31)。

(3)要有保护弱者的意识。在我们日常生活中，扶老携幼、保护妇女儿童就是保护弱者。在交通环境中，汽车是相对的强者，而其他非机动车辆和行人是相对的弱者。在驾驶车辆过程

图 2-27

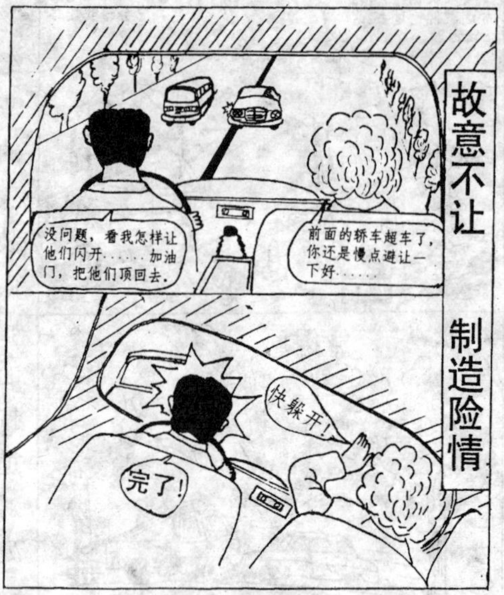

图 2-28

图 2-29

图 2-30

中，强者也应该保护弱者，特别是在两者存在冲突的情况下，车辆要注意礼让，对于老年人、妇女和儿童、残疾人、精神病患者以及人行横道线内的行人要特别保护，切不能得理不让人，以大欺小，以强凌弱，这样最容易造成险情或交通事故(图 2-32)。

常见的以强凌弱的不道德交通行为有：

①个别驾驶员缺乏文明行车意识，不注重自身的职业道德修养，行车过程中，故意逼近非机动车辆或行人迫使其让路，当对方让路不及时时，就辱骂或殴打对方(图 2-33)。

②个别大型汽车驾驶员有威胁、戏弄小型机动车的行为，这种以强凌弱的行为会造成许多

图 2-31

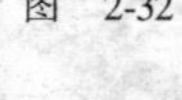

图 2-32

险情，甚至发生交通事故(图 2-34)。

图 2-33

图 2-34

③在行驶中出于不良心态戏弄弱者，如会车或超车时，故意使车身贴近行人和非机动车，速度很快，或者临近突然鸣喇叭，恐吓他人或者故意向行人身上溅泥水等行为(图 2-35)。

(4)要有方便他人的意识。道路上的车、畜、行人都是交通活动的参与者，在交通环境中，驾驶员作为交通安全的主体，矛盾的主要方面，不能只顾自己，不顾他人，要做到即使不给别人提供方便，也决不给他人造成妨碍。另外，当他人有急事要求用车时，驾驶员要力所能及地提供方便，不能用其他理由拒绝对方，或者故意刁难、敲诈对方。例如：当通过泥泞、积水的路段，要控制车速，不能使溅起的污水溅到自行车或行人身上；在胡同行驶，道路狭窄，路旁都是住家，应降低车速，尽量不鸣喇叭；夜间行车要及时变换灯光，尽量减少造成对方眩目；对行车途中发生故障或发生事故的车辆尽量提供帮助等。只要有关心他人的意识，就能逐渐形成互相关心、互相理解、互相帮助、团结协作的交通道德和社会风气(图 2-36)。

图 2-35

图 2-36

常见的不关心他人的不道德行为有：

①驾驶车辆随心所欲，随意选择行驶路线、行驶速度，根本不考虑对他人的影响，往往迫使他人必须减速或者避让。

②个别驾驶员只顾个人方便，把车随意停在人行横道上、公共汽车停车点或单位门口、公路中间等场所，妨碍了其他车辆和行人通行，造成交通堵塞(图 2-37)。

③行车途中遇病人、伤员等急需送往医院，或者警务人员执行任务急需车辆时，个别驾驶员怕脏、怕累、怕麻烦、怕自己经济上蒙受损失而不停车或绕道行驶，不给他人提供车辆上的方便等行为(图 2-38)。

(5)要有距离和排队意识。在车辆行驶中处处都会体现出距离和排队意识，比如跟车距离、超车距离、会车时横向的安全距离、与非机动车和行人的距离以及制动距离、停车时应保持的距离等。距离意识对于驾驶员来说也是交通道德的内容。

排队意识对驾驶员和广大群众也是重要的交通道德内容。个别驾驶员排队意识薄弱，在按顺序行驶的情况下，往往出现出队行驶，虽然也是前后行驶，但给交通秩序带来很坏的影响。在排队等候时间较长时，出队借道行驶的投机取巧心理，破坏了交通秩序，影响了交通安全(图 2-39)。

(6)要有生活严谨意识。由于汽车驾驶员的工作和生活没有正常规律，休息时间和饮食时间和正常社会作息时间、饮食时间有一定的时差，这就需要驾驶员自我调整，使其生活尽量有规律。保持健康的身体状况，对完成运输生产任务十分重要。如个别驾驶员生活不严谨，养成白天工作，夜间看电视或参加其他娱乐活动到深夜，不能保证睡眠时间，白天疲劳开车；也

图 2-37

图 2-38

有的驾驶员养成饮酒的坏习惯，在工作时间也不能控制自己，认为自己酒量大，少喝点没关系，抱侥幸心理，结果造成重大交通事故等。这些生活中的不良习惯，都会直接或间接影响行车安全，也是 种违反安全制度的行为。因此，要求每 个驾驶员要有严谨的生活作风(图 2-40)。

图 2-39

图 2-40

2. 自觉遵守职业纪律和规章制度

所谓职业纪律，是指为了维持职业活动的正常秩序，保证职业责任的履行而必须遵守的规则，常常表现为规章、条例等形式。例如，运输经营单位制定的驾驶员守则、安全制度等。

职业纪律具有高度的制约性和深刻的道德意义，是职业道德的重要范畴。这使得职业道德不仅仅是一种自觉的“软约束”，而且是有一定程度的强制性的“硬约束”，它是法规性和道德性的统一。从业者应该将这种法规性的条文规定转变为自觉行为，从而达到一种道德自律。

在社会主义市场经济条件下，驾驶员养成自觉遵守纪律的好习惯尤为重要。邓小平同志说过:“我们这样大的国家,怎样才能组织起来呢?一靠理想,二靠纪律”。这句话深刻阐明了纪律的重要性。如果从业人员在工作岗位上有令不行,有禁不止,纪律松弛,“八点开会九点到,十点误不了听报告”、“一杯茶,一支烟,一张报纸混半天”,那么这样的部门、单位就像一盘散沙,没有战斗力,生产和工作的正常秩序就得不到保证。在汽车运输行业中,自觉遵守职业纪律对汽车驾驶员来说具有更重要的意义。由于汽车运输生产具有车辆流动分散、面广、线长及独自操作等特点,在运输生产中遇到各种情况由驾驶员单独处理,有一定的自由性和选择余地,很有可能做出违反职业纪律的行为,如果没有高的思想素质和遵纪守法的意识,就不能履行汽车驾驶员的职责和义务,不能胜任汽车驾驶员工作。因此,自觉的遵守职业纪律是汽车运输生产特点和安全运输规律的反映,是实现优质运输服务的客观要求,对促进交通运输发展具有十分重要的意义。

汽车驾驶员的职业纪律通常包括以下内容:

(1)考勤纪律。要求驾驶员按时上下班,有病有事必须请假,运输生产时间不干私活,不做与本职工作无关的事情。常见的违反考勤纪律的行为有:

①个别客运驾驶员时间观念差,经常发车误点,或者个别驾驶员行车途中随意停车办私事, 谋私利,耽误了正点到站时间。

②个别货车驾驶员不能按托运单位或货主的要求及时发车,中途办私事,不按规定的路线行驶等。

(2)组织纪律。要求驾驶员服从安排,服从调度,对领导或调度员分配的工作不得无故拒绝,不挑肥拣瘦,讨价还价。

常见违反组织纪律的行为主要有:

①个别驾驶员政治思想觉悟不高,工作不积极主动,不听从领导,不服从调度,不从大局着想,只算计个人得失,对领导分配的工作挑肥拣瘦,讨价还价,甚至以不正当的理由如车况不好、身体不舒服等故意拒绝(图 2-41)。

②运输企业的个别驾驶员利用调休为个体运输户开车,甚至哄骗领导请长病假在外挣大钱等(图 2-42)。

图 2-41

图 2-42

③不服从交通管理人员的指挥。行车过程中，缺乏遵守交通法规的意识，经常出现闯红灯、占道行驶、强行超车、超速、超载等违章行为。当交通管理人员指挥其停车时，不听指挥加速跑掉。有的驾驶员不接受管理人员的批评教育，无理争三分；有的驾驶员嘴里服从管理，事后照常违章。这些都是违反组织纪律的不道德行为，与遵纪守法、规范行车的道德规范是相违背的(图 2-43)。

(3)运输生产纪律。要求驾驶员坚守岗位，不得擅自离岗，不能玩忽职守，要按时发车，正点到站，改善服务态度，提高服务质量，不与旅客、货主争吵，有站必停，有客必载，收钱给票，下车撕票，遵守操作规程，遵守生产制度，不违章作业等。下面列举几种常见违反生产纪律的不道德行为：

①酒后驾驶。酒后驾驶是一种严重的违章行为，也是一种违反生产纪律的不道德行为，由于酒精能使驾驶员的思维判断能力下降，情感处于异常状态，受心理的支配驾驶操作会出现失误，严重时精神恍忽，感觉迟钝，从而丧失安全驾驶能力，导致交通事故的发生。个别驾驶员法纪观念淡薄，明知酒后驾驶违反生产纪律，可屡屡犯禁，造成事故(图 2-44)。

图 2-43

图 2-44

②开“带病车”或疲劳开车。个别驾驶员只知开车，不懂修车，认为修车是修理工的事与自己无关，汽车的技术状况不管不问，特别是对汽车的安全部位不进行定期检查或修复。个别驾驶员明知车有毛病也不及时修复，思想上存在侥幸心理，结果造成途中“抛锚”，甚至发生机械事故或交通事故(图 2-45)。

③少数驾驶员在运输任务急、人手缺的情况下，为了给单位多创效益，或者自己多挣点钱，加班加点，疲劳驾驶。也有些单位驾驶员上班给单位干，下班给“老板”干，睡眠不足，疲劳过度，造成车毁人亡等重大事故。

④私拉乱运，私吞财物。少数驾驶员受腐朽思想影响，产生拜金主义的人生价值观，认为金钱无所不能，主张“一切向钱看”，信奉“有钱能使鬼推磨”，把一切都扭曲为赤裸裸的金钱关

系。在这种思想的驱动下，唯利是图，损公肥私。个别货运驾驶员利用公家车辆私拉乱运(图 2-46)。

图 2-45

图 2-46

⑤单位小车驾驶员利用空闲时间公车私用或进行非法营运，把挣到的钱塞进自己的腰包(图 2-47)。

⑥货运驾驶员在无人押车的情况下，私拿货物，把国家的财产变为私有，这是一种严重违反生产纪律的违法行为，是一种堕落的人生价值观(图 2-48)。

图 2-47

图 2-48

⑦与社会上的不法分子勾结，进行非法活动。少数驾驶员法律意识淡薄，思想单纯，被不法分子拉下水，利用方便的运输工具进行非法活动，最终受到法律的制裁(如图 2-49)。

⑧敲诈旅客、货主。少数驾驶员仍存在官运作风，在运输过程中，故意设立障碍，刁难旅客、货主。例如以车坏了、身体累了等不正当理由拖延时间，向旅客、货主要钱、要物(图 2-50)。

图 2-49

图 2-50

⑨长途客运驾驶员与一些不法经营者勾结，将客车开进一些卫生条件差、经营不规范的路边店，强行旅客吃饭、住宿，旅客不从，就以打、骂等手段威胁，这些不道德的行为，在社会上造成很坏的影响(图 2-51)。

运输纪律是保证运输任务完成的必不可少的手段，汽车运输行业不正之风的滋长在一定程度上是由单位纪律的松弛和部分驾驶员不遵守纪律形成的。所以，要求每一位驾驶员在运输活动中要严格要求自己，养成自觉遵守纪律的习惯。要做到这一点，首先每个汽车驾驶员都要从自身做起，从小事做起，严以自律；并认真学习法律、法规，做到学法用法；严格遵守单位规章制度、岗位规范、安全制度。其次，正确认识和处理个人与集体、民主与集中、自由与纪律的关系，认识违反职业纪律的严重危害性。长此以往，随着时间的推移，就会自觉养成遵守职业纪律的好习惯，如果做不到这一点，纪律松弛，遵章守纪意识淡薄，就会放纵自己，就会从违反纪律发展到违法犯罪。

3. 自觉遵守道路运输法规

道路运输法规是国家或地方为了尽快建立统一、开放、竞争、有序地道路运输市场，保障道路运输经营者及其服务对象的合法权益，维护运输秩序，促进道路运输事业的发展，使道路运输管理工作纳入规范化、条理化、法制化的轨道而制定的法律规范。道路运输法规所规定和调整的主要是运输经济关系，既包括道路运输企业与其它企业、社会组织和个人在道路运输中发生的经济关系，又包括交通运输主管部门领导和组织道路运输活动中发生的管理关系。它既是经济法，又是行政法。其中技术性法律规范在道路运输法规中占重要地位。道路运输法规的发布实施给广大的汽车驾驶员参与道路运输经营指明了方向。尤其是当前，随着运输企业的体制改革，许多运输企业实行单位委托经营制或单车核算，许多驾驶员成为道路运输的直接经营者，要求驾驶员不仅要懂交通法规，还要懂得道路运输法规，懂得怎样在运输市场环境中做到公平竞争、依法经营。要充分认识到学习道路运输法规的重要性，加强主要道路法规的学习，并运用到具体经营活动中去，做到一方经营，经常检查自己的经营行为是否符合法律要求。在此基础上，使自己原有的、被动的依法经营逐步过渡到规范经营。如果每一个运输经营者都能做到这一点，那么就能使道路运输市场有一个良好的经营秩序。同时使自己的合法利益得到保护，从而在运输市场中处于主动地位。这是汽车驾驶员职业道德的客观要求。

4. 自觉遵守安全操作规程

汽车驾驶员安全操作规程是由国家有关部门为了保障安全运输生产而制定的具有技术指导性的安全操作规范。它是人们在驾驶实践中不断总结出来的一种科学的操作规范。认真学习和遵循安全操作规程，不仅能保持良好的汽车技术状况，延长汽车的使用寿命，还能使驾驶员掌握一套科学、规范、安全的操作方法，养成良好的驾驶操作习惯。这对指导驾驶员从事生产实践活动，保障安全运输生产有着重要的意义。大量实践证明，如果违反了驾驶员安全操作规程，就是违背了客观规律，就会走弯路、吃苦果。轻者造成汽车零件损坏，汽车技术状况下降，缩短汽车的使用寿命，重者造成车辆机械事故或交通事故。所以，自觉遵守安全操作规程是驾驶员职业道德的要求。有些驾驶员缺乏对安全操作规程重要性的认识，对安全操作规程不学不问，在驾驶操作上表现马马虎虎，存有侥幸麻痹心理。例如个别驾驶员在驾驶新车或大修车时，不按磨合期规定的时速行驶，超速行驶，也不按磨合期的要求装载货物，满载或超载，结果造成零件损坏，汽车使用寿命下降；个别驾驶员在拖拉有故障车辆时，违反操作规程，用空车、小车拖拉载重货车；在过铁路时，脱档滑行或中途换档，造成熄火(图 2-52)。有的驾驶员穿拖鞋、高跟鞋驾驶车辆；有的驾驶员，随便在坡道上停车，不拉手制动，不用三角木块塞住车轮，造成溜车事故(图 2-53)。或行车途中当油路发生故障时，违章操作，采用直接供油法，酿成事故(图 2-54)。

图 2-51

图 2-52

图 2-53

图 2-54

以上这些违反安全操作规程的行为，在运输生产中时有发生，是事故隐患和造成事故的主要原因。认真学习安全操作规程，要从学习驾驶技术开始，严格要求自己，使自己养成自觉遵守操作规程的好习惯，并在工作实践中自觉做到规范操作，这也是规范行车的内容和要求。

第五节　公平竞争　讲究效益

汽车运输市场改革引起了汽车运输经营者思想道德观念的变化，客观上要求建立与之相适应的道德规范约束人们的职业行为。公平竞争、讲究效益就是针对当前汽车运输市场发展特点提出的新的道德规范。它的制定给汽车驾驶员职业道德增添了新的内容，成为当前和今后汽车驾驶员重要的职业道德规范。本节主要介绍公平竞争、讲究效益的道德含义、重要性、原则、规范和要求。学习遵循这一规范，有助于提高市场意识、竞争意识，树立正确的价值观、平等观、效益观，为今后从事汽车运输经营实践活动打好基础。

一、公平竞争、讲究效益的道德含义及重要性

汽车运输市场的建立和发展，给汽车运输经营者参与市场竞争创造了机会。通过竞争，充分调动了广大运输经营者的积极性和创造性，活跃了运输市场，提高了汽车运输效率，并使运输经营者获得了良好的经济效益。但是，我们也清醒地看到由竞争所带来的不良影响。由于竞争涉及每个经营者的切身利益，甚至关系其生存与发展，因而在竞争中，经营者为了实现自己的经济利益，总是千方百计地保存自己排挤竞争对手。特别是当经营者处于不利地位时，在竞争的压力下，往往会采用一些不道德甚至违法犯罪的手段，以争取改变自己的不利处境和地位。这些不正当竞争和不合法的竞争行为在汽车运输经营活动中时有发生，严重扰乱了运输市场秩序，违背了社会主义道德。对此，尽管国家制定了《反不正当竞争法》，也制定了与之相适应的道路运输法规，这些规范对维持运输市场的竞争秩序起到一定的保证作用，但是，它不能对竞争关系中所涉及的所有问题都作出明确的规定。因此，在市场激烈竞争的情况下，提出

竞争道德这一新的概念是十分必要的。“竞争道德”是指竞争关系的参与人在市场活动中所应遵循的基本理性准则。竞争道德作为道德的一种,是特定历史阶段的产物,是伴随竞争的产生而出现的。由此可见,竞争离不开道德,竞争需要道德。要想使广大汽车运输经营者的竞争行为和竞争结果相对公平、合理,维护自身和保护运输用户的合法权益,建立良好的汽车运输市场竞争秩序,就必须确立良好的竞争道德观念,使每一个参与运输市场的经营者都能自觉自愿的接受竞争道德的约束。公平竞争,讲究效益就是根据汽车运输市场的特点制定的竞争道德规范。认真学习和遵循这一道德规范,了解其道德含义,可以净化人们的思想,使其经常对自己行为的对错与否进行判断和反省,对不正当和不道德的行为进行“良心责备”,并在每个运输经营者的内心深处形成牢固的竞争道德信念,逐渐培养成一种道德责任感,在运输经营活动中去支配自己的竞争行为。

1. 公平竞争、讲究效益的道德含义

公平竞争、讲究效益是指所有汽车运输经营者,要增强市场竞争意识和效益观念,在同等的市场条件下,以诚实守信的态度,积极参与运输市场竞争,在经营活动中,遵循竞争规则和公认的商业道德,做到合法经营。规范经营、平等竞争,要求严格进行经济核算,尽可能以最少的投入获得最大的产出,通过采取降低成本、强化管理、提高技术、提高服务质量、合理价格等竞争手段和方法,获得良好的经济效益和社会效益。

每一个运输经营者必须正确的理解其道德含义,要树立正确的竞争观、效益观。汽车驾驶员担负着运输旅客、货物的重要任务,其服务质量的优劣直接影响企业的经济效益。这一规范有助于汽车驾驶员在运输经营活动中,正确处理好竞争与效益的关系,正确处理好公与私、利与义之间的关系,鄙视不正当竞争和片面追求经济效益而不讲社会效益的不道德行为。尽可能使自己的经营行为符合竞争道德的要求。

2. 公平竞争、讲究效益的重要性

(1)是汽车运输企业生存与发展的需要。竞争的规律告诉我们,竞争的结果会导致优胜劣汰。优胜劣汰是指在竞争中,赢得胜利的市场主体能够继续生存和发展,而在竞争中处于不利地位以致于无法继续生存和发展的市场主体则被淘汰。我国自实行社会主义市场经济以来,竞争作为基本经济规律之一,得到了社会的普遍认可。在汽车运输市场激烈的竞争中,不论是国有运输企业或私有运输企业都面临生存与发展的问题,哪个企业管理好、服务好、信誉好、效益好,哪个企业就具有竞争力,就具备生存与发展的条件。

长期以来,在计划经济体制下,汽车运输业作为社会的基础设施,以自己的低利润赢得了社会的综合经济效益,这种以牺牲自身的经济利益去增加社会效益的做法,在一定时期具有现实意义。然而,这种做法积弊甚多,使许多企业长期亏损,经济效益低下,不仅损害了汽车运输企业自身的经济利益,使汽运职工收入和企业福利水平低下,而且使企业失去了自我改造和发展的能力,最终影响了国民经济的发展,使整个社会发展也受到制约。例如,我国的城市公共汽车票曾经五分、一角一张,连油钱也收不回来,更无效益可谈。随着国民经济的发展,我国汽车运输业落后于现代化建设需要的矛盾非常突出,这种状况已不适应社会的发展,只有提高经济效益,才能促进汽车运输企业自身的发展。

随着汽车运输市场的建立和完善,汽车运输企业已作为“自主经营,自负盈亏,自我发展,自我约束”的法人实体进入竞争市场,这意味着原有以“大锅饭”为特征的平均主义已经让位于以“优胜劣汰”为特征的公平竞争。在市场竞争机制的驱动下,客观上要求从事汽车运输经营的企业或个人必须以最佳的管理、最佳的服务参与竞争,不断提高企业自身的经济效益。只有这样，经营者才能在激烈的运输市场竞争中立于不败之地。

从我国的旅客运输发展状况，足以证明公平竞争、讲究效益在市场经济条件下的重要性。近年来，随着改革开放的不断深入和国民经济的迅速发展，我国的旅客运输市场呈现出蓬勃发展的势头，每天外出乘坐各种交通工具的人次以百万计，面对这个巨大的市场，铁路、公路、航空等运输部门掀起了一场激烈的旅客争夺战，各部门相继出台一些新的竞争策略，靠优质取胜、靠廉价取胜、靠信誉取胜。其中，汽车运输的发展尤其突出，它们通过提高公路客车档次，提高服务质量等竞争策略，赢得不少旅客。有些客运企业或个人增添了高速直达豪华客车，如沃尔沃、美国大灰狼、南韩大宇等。车辆配套设施有空调、航空座椅、电视、录像、卫生间、冰箱等。有的长途客车还有可调式卧铺，供应早、中餐，还有空姐式的服务，始发站和终点站介绍发车时间、旅途地名、名胜古迹、到达时间、所到城镇的交通旅游景点等，并由短距离运输发展到中、长距离运输，开始公开和铁路的客运市场进行竞争。例如沈阳至大连、北京至太原、成都到重庆、上海至南京之间由于高速公路与高速客运的兴起而使铁路客运失去了大批客源。早在1990年，我国第一条高速公路——沈大高速公路建成通车之际，公路上常年运营的550个客运班次便吸引了两地之间90%的旅客，使原沈大铁路线91/92次列车被迫停驶；1995年随着南昌至九江高速公路的投入使用，红红火火开行了三年的“庐山号”旅游列车被迫停运；一度与“庐山号”齐名的“三峡号”旅游列车，也因武汉至宜昌高速公路的开通而于1996年9月停开……。一直被称为“铁老大”的铁路运输显得不景气，而公路运输（主要指汽车运输）则悄然崛起。据新华社1997年2月9日发布的消息：在1996年，全国公路客运量达112亿人次，已取代铁路成为客运市场新的“老大”。这种状况迫使铁路不得不采取改点提速、改善服务态度、加开绿色通道、上车再买票等措施而夺回了自己失去的一部分客源。这场如火如荼的客运市场竞争，已经给全社会的经济生活带来积极而深远的影响。各汽车运输经营者通过参与运输市场竞争，增强了发展的后劲与活力，取得了可观的经济效益，使旅客得到了更加优质高效的服务，真真切切地感受到了“上帝”的滋味，同时也取得了良好的社会效益。同样，汽车货物运输市场也存在着激烈的竞争，随着某些企业的发展，货物运输由小批量变成大批量，由短距离货物运输变成长距离货物运输，要想在竞争中取胜，必须通过提高货物运输质量、改善服务态度、遵守运输合同等途径来提高经济效益，也只有这样才能在货运市场中立足。汽车运输经营企业在竞争中求生存、求发展、求效益是社会主义市场发展的必然结果。

(2)有利于推动两个文明建设。汽车运输市场的健康发展有赖于完善的竞争保护机制和规范的竞争行为。近几年来，我国汽车运输市场竞争机制尽管不断完善，也出台了相应的法律、法规，但仍跟不上运输市场的发展，在经营实践活动中不正当竞争行为时常发生，个别运输经营者在经济利益的驱动下，钻法律上的空隙，进行不正当竞争。甚至有个别经营者违法经营。这不仅使广大的运输经营者和广大旅客、货主的利益受到严重的损害，而且扰乱了正常的运输市场秩序，败坏了社会风气，滋生腐败，严重影响了社会主义精神文明建设。因此，结合运输市场发展的特点，及时制定相应的道德规范可以弥补法律规范的不足，给广大的运输经营者参与运输市场竞争指明方向。通过对其进行道德教育和自身的道德修养，使经营者从内心确立正确的价值观、市场观、效益观、利润观，明确了哪些竞争行为是符合道德的，那些是不道德的，并对自己不道德的竞争行为反省、检查和解剖，使经营者在任何情况下，都能自觉地调整自己的行为，使其符合道德的要求。如果每一个经营者都能做到这一点，就一定能促进良好行业风气的形成。

通过竞争，不仅自己获得可观的经济效益，也为国家创造了利税，不但推动了物质文明建设的发展，而且通过自己良好的思想品质、高尚的道德情操和主人翁精神风貌，也会影响和带动行业风气的好转，传播社会主义精神文明。因此，学习和遵循这一道德规范，可有力推动两个文明建设。

二、公平竞争、讲究效益的原则、规范及具体要求

1. 公平竞争、讲究效益的原则

少数经营者以不正当的手段竞争，使同行变为冤家对头，是汽车运输业中存在的突出问题。比如有的驾驶员不按规定时间、路线行驶，有的驾驶员开斗气车，有些驾驶员在开车过程中相互追逐、堵截。更有甚者，竟发生聚众械斗。其实，他们只有一个目的，就是抢夺客源、货源。可是采取这些不正当手段进行竞争的结果是扰乱了运输秩序，败坏了汽车运输行业的声誉，导致客源、货源不足，从而使整体利益受损。为了汽车运输业的共同利益，汽车运输经营者应以理智的态度、长远的目光对待同行竞争。要求遵循以下几项原则：

(1)平等原则。参与汽车运输市场的各竞争主体，都应以平等的身份参与运输竞争，其身份地位没有贵贱优劣之分。各经营主体必须在我国法律的规定下从事竞争活动和业务活动。正当竞争行为都会受到法律的保护，违反市场竞争行为则会受到法律追究。也就是说"法律面前人人平等。"任何以大欺小、以强欺弱、违反法律规定及不道德的竞争行为都是违背平等原则的。只有在平等原则的基础上参与竞争，获取效益才能符合道德规范的要求。

(2)依法经营原则。法律既是维护社会秩序、促进社会公平和保护社会主体合法权益的重要手段，也是竞争者一切有法律意义的行为的基本指南。在汽车运输行业中，依法经营就是要求运输经营者必须以法律为准绳来规范自己的行为，要求必须以法律为依据来维护自己的权利和履行自己的义务。同时，还要求经营者不得实施法律所禁止的行为，不得故意违犯法律和故意曲解法律，也不得以自己的行为故意规避法律。例如：个别经营者故意违反道路运输法规，不按规定程序申领经营许可证，擅自经营；未经主管部门批准擅自超越许可证核定的经营范围；未经主管部门批准擅自承运禁运、限运物资等。这些经营行为都是违反法律规范的，与道德规范所提出的依法经营原则背道而驰。依法经营的原则要求运输经营者做到以下几方面：

①经营者按照规定程序申办各种经营手续(图2-55)。

②主动依据有关法律法规缴纳税款和有关费用，定期报送有关统计资料和报表。

③自觉执行规定的营运价格，不得故意提高票价或压低票价。

④自觉维护竞争秩序，反对欺行霸市，或以不正当手段干扰同行经营。

⑤未经主管部门批准，不得擅自承运禁运、限运物资，不得参与其它非法活动。

⑥自觉遵守运输合同，履行合同规定的权力和义务，主动承担因工作失误造成的责任等。

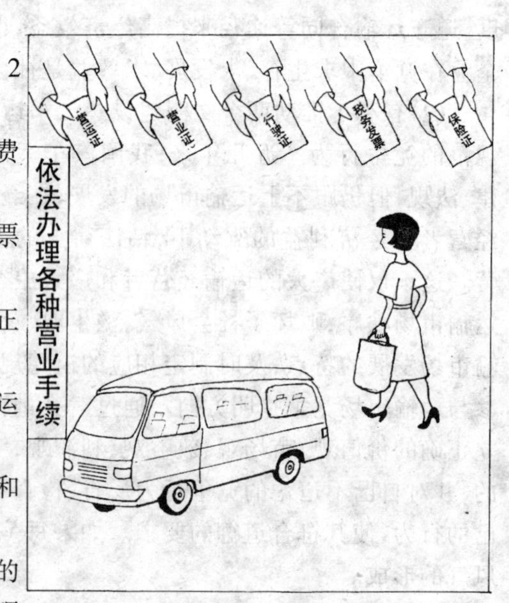

图 2-55

(3)诚实守信原则。参与汽车运输市场竞争的各主体，在从事运输经营活动时，必须以善意的心理

状态作为经营活动的出发点,并应以公平作为经营行为的追求目的。合法正当地行使权利和承担义务,以维持与旅客、货主之间及社会利益之间的平衡关系,促进汽车运输市场的繁荣和发展,这一原则要求经营者做到以下几个方面:

①没有欺诈行为。在运输经营活动中所表现出的欺诈行为是指,运输经营者为了获取利润,用捏造虚假情况或者歪曲、掩盖真实情况等手段,致使旅客、货主陷于错误认识。这是一种不正当的竞争行为,是违背诚实守信原则的。例如:有的短途客运驾驶员为了争揽旅客,贴着长途客运牌子,诱导旅客上车收费后,在半途甩客、卖客。有的出租驾驶员遇到外地旅客,哄骗旅客绕道行驶,多收运费等等。

②恪守信用。要求汽车运输经营者在其运输经营活动中,自觉遵守已形成的信用关系。彼此给予信用上的方便,而不能做“过河拆桥”之类的事情。

③不得故意规避法律。规避法律是指汽车运输经营者故意利用法律法规的疏漏或不明确,从事有害于运输用户、国家或社会利益的行为。也就是说个别汽车运输经营者故意钻法律的空子,并希望借此获取不正当利益或逃避法定义务。这种行为的主观恶意性违背了法律所要求的诚实信用原则。例如:个别经营者在上级下达指令性运输任务时,如救灾急需用品等,怕危险、怕麻烦,故意找不正当理由拒绝。

④不得故意曲解合同条款。我们在从事货物运输经营活动时,承托双方常采用签定运输合同的形式,这种形式的建立是在承托双方相互承担一定经济责任的基础上。运输合同内容中对货物的名称、数量、标准、货物运距、货物运输质量、安全要求、运输责任、违约责任、运输日期等等都作了规定。这些合同条款只是对合同的主要内容作出规定,并具有法律效力,但不能对运输合同所涉及的所有内容都作出明确规定。这就要求货物运输经营者必须抱着善意的主观心理,与对方密切配合,共同完成合同所规定的义务。不得故意利用合同条款规定的不明确、不严密、不周全的地方,故意对运输合同作出违背原意的解释或人为地制造障碍,逃脱应尽的义务和承担的责任。这是诚实信用原则的基本要求(图 2-56)。

2. 公平竞争、讲究效益的规范

由于汽车运输投资小、见效快,所以,被许多投资者看好,造成了汽车运输业迅速发展的局面,部分地区和区域出现了“供大于求”的现象,导致激烈的竞争。怎样在激烈的竞争中获胜,是每个经营者最关心的问题。因此,我们根据当前汽车运输市场发展的特点及成功的经营者提供的经验,制定相应的竞争道德规范如下:

(1)平等竞争,规范经营。参与汽车运输市场经营的各竞争主体,在竞争中的地位是平等的,机会是一样的。各主体之间要互相尊重、平等相处,不仅要做到合法竞争、合法经营,还要逐步过渡到文明经营、规范经营。也就是说要不断地提高运输服务质量,使运输服务工作逐步向标准化、规范化发展。

图 2-56

平等竞争的首要条件是合理竞争、合法经营。只有以合理、合法为前提,才能做到平等竞争。通常要求汽车运输经营者做好以下几方面:首先,驾驶员要在遵纪守法的前提下积极参与经营活动;其次,要遵守行规行约和职业道德;第三,同行之间形成互惠互利的协作风气,设法提高汽车运输业的整体水平,赢得更多的客源和货源,达到共同获利的目的。

随着旅客、货主对汽车运输业的要求越来越高,经营者的服务标准也越来越高,在做到合法竞争、合法经营的同时,还要做到文明经营、规范经营。由于每个汽车运输经营者经营方式、性质不同,因而对各经营者都有着相应的经营规范。例如出租车驾驶员有以下服务规范:在营运时必须携带道路运输证、驾驶证、行驶证、身份证等证件,并佩带由交通主管部门发放的有本人照片、姓名、编号及单位名称、电话号码等内容的服务监督卡。出租车车门上必须喷有所属企业或代管单位名称;车顶上要装有出租车标志灯;车内要装有待租显示器和里程计价器;车内装有安全隔离网、安全带;车上张贴里程票价表和收费规定;张贴或喷有明显、清晰的监督举报电话号码;出租车驾驶员要了解本省、本市、本地区的地理环境,熟悉本地道路、街巷及通往外地公路路线的情况;熟知本地机场、汽车站、火车站、港口客运站地点及本地的宾馆、饭店、招待所、党政机关办公地点、"旅游景点"等。在受理乘客租车业务时,要做到招手即停,有客即载。对乘客要一视同仁,不挑选乘客,不无故拒载乘客。接待旅客时,驾驶员必须讲普通话,使用文明用语。要求衣帽整洁,仪表端正,对旅客热情礼貌,说话和气,举止庄重,服务周到。营运过程中,要正确使用计价器,根据乘客要去的地点,选择最近的路线行驶,不得舍近求远无故绕道,结算车费时,应向乘客报计价器显示车费数据,并按计价器显示收费,将客票和找补零钱同时交到乘客手中。乘客上车时,驾驶员要主动开启车门,照顾乘客上车,帮助乘客提拿放置行包,提醒乘客系好安全带,准确耐心地解答乘客提出的有关问题,做到有问必答。如乘客单程去郊区、外地,需要加收空驶费、过路费或过桥费时,应事先向乘客说明情况,使乘客心中有数。乘客下车时,驾驶员主动开启车门,并提醒乘客拿好随身携带的物品和注意安全;乘客下车后,驾驶员应立即检查车内有无乘客遗留的物品,发现有遗物时,应及时归还失主,不得向乘客索要物品和小费等。这些规范对出租车驾驶员的经营活动起了指导作用。然而在日常经营活动中,少数出租车驾驶员在利益的驱动下,经常出现不规范的经营行为,例如个别驾驶员对要发票的旅客抬高票价,对不要发票的旅客实行"优惠"(图 2-57);对外地来的不熟悉道路的旅客绕道行驶,提高票价(图 2-58),碰到生人甚至把价格哄抬几倍,遇到半夜有急事的单个旅客,则低价诱你上车,途中再恃强加价,不答应就轰你下车。虽然运输管理部门屡查屡禁,但由于出租车流动分散,这些现象仍难以禁绝,我们要大力提倡规范服务、文明服务,不仅要求出租车做到规范,而且其它营运方式如班车客运、包车客运、旅游客运及货物运输等驾驶员也要根据自己的特点使运输服务标准化、规范化。只有这样才能使汽车运输市场保持良好的竞争秩序,才能符合职业道德规范的要求。

在旅客运输经营活动中,也时常发现一些不规范的行为。下面列举几种不正当竞争、不规范经营的行为:

①抢点抢线。在客运经营中,客运驾驶员或经营者,抢时间、抢线路的现象经常发生。所谓抢时间,是指不按规定的时间发车和停靠站,而是随意提前或推后发车和停靠站;抢线路,是指不按规定的线路行车,专拣客源充足的线路行车。抢点、抢线的目的是为谋取私利。

②骗瞒旅客。骗瞒旅客是指不向乘客示明发车时间、到达地点、运行路线、过往站名、到达时间等,乘客在上车前询问到什么地方,经营者就回答到什么地方,乘客问能否按时开车,就答复按时开车。然而,一旦乘客上车并购票之后,经营者就变了脸,想什么时间开车就什么时间开车,车开到哪里赚钱或省油,就把车开到哪里,乘客上车前获得的承诺,早被抛到九霄云外。

图 2-57

图 2-58

如果乘客找经营者或驾驶员理论，轻则不予理睬，重则辱骂殴打。特别是现在运行的城乡客运班车，以及乡镇之间的客运车辆，运载的乘客绝大部分是农民，他们上当受骗后，自我保护意识不强，不知道到哪里投诉，一些不法客运经营者骗瞒乘客的恶行屡屡得手。这种行为是一种不讲信用、不规范的经营行为(图 2-59)。

③压点、压线。是指班车虽然按时发车，但在中途停靠站、点，擅自延长停靠时间，途中有意放慢速度，或者驶离车站后，见乘客稀少，就绕城区转圈招揽乘客，直至乘客多了才驶入规定的路线，延误了乘客的旅行时间，扰乱了乘客的工作节奏，有时会给乘客带来经济损失。同时极大的影响了整条线路上车辆的通行能力。车辆密度较高的地段还可能导致交通堵塞。

④卖客、倒客、甩客、拒载。个别驾驶员在乘客稀少时，怕不挣钱把乘客倒给其它车辆，或在半途中将乘客卖给其它过路车，甚至有个别驾驶员以不正当理由将乘客甩在途中，有的出租车驾驶员经常有拒载行为等等(图 2-60)。

以上行为仅是典型的几种，诸如此类的现象还有许多，其危害极大。首先破坏了正常班车的行车秩序，干扰了正常的汽车运输市场，造成部分时间和线路车辆拥挤，而有些时间和线路则无车运行，容易造成乘客漏乘或误车；其次，破坏了行业内部正常的人际关系，毁坏了行业形象和信誉，是一种唯利是图的不正当竞争行为；第三，失信于旅客并因此导致部分客运市场的丢失。此类不规范的经营行为，虽然在短期内能见到一定的利益，但在激烈的竞争中总是难以持久，是一种短期行为，最终必然会被淘汰。

(2)转变观念，提高意识。随着汽车运输市场竞争的日益激烈，汽车运输企业不断的转换机制，提高管理水平以逐渐适应市场的需要，是运输经营者提高经济效益，求得生存与发展的客观要求，广大驾驶员应有主人翁意识，深刻认识改革的重要性，转变观念，积极拥护改革，参与改革，树立高度的责任感和紧迫感，用科学的态度去分析市场，研究市场，积极主动开拓市场，听从领导，服从管理，配合企业改革，使企业建立一套全新的经营机制和与之相配套的管理机制，以提高企业的竞争能力，适应运输市场竞争的需要，从而提高汽车运输企业的经济效益。

图 2-59

图 2-60

(3)优质高效，注重信誉。质即质量，效即效益、效率、效果。优质高效讲的是汽车运输服务质量与效率、效益的统一关系。注重信誉讲的是汽车运输经营者在经营活动中，讲究信用注重声誉。无论是国有企业、集体企业或个体运输经营者，只有为旅客、货主提供优质高效的运输服务，才能取得良好的信誉。有了信誉，就有可观的经济效益。因此，运输服务质量和信誉是企业的生命之本。效益、效率是企业经营的目的，优质高效、注重信誉是取得经济效益和提高竞争力的良好途径。它是通过提高服务质量，提高劳动效率，降低成本，精心核算等手段来完成。要求经营者从硬件和软件两方面做起，一是从硬件上满足旅客和货主的要求，也就是说有条件的运输企业和个体运输经营者要改善服务工具，力求使车辆上档次，提高运输工具的安全可靠性、舒适性，以满足旅客、货主迅速运达目的的要求，以高效率的运输服务吸引更多的客源和货源，提高实载率。另一方面，从软件上满足旅客或货主的要求。就是在现有的条件下，经营者要强化自己的服务意识、安全意识、时效意识、信誉意识，主观上去努力提高运输效率，具体要求做好以下方面：

①提高服务质量，扩大回头客源。由于客运班车是在固定的时间、线路上运行，因此，回头客源占较大的比例。客运经营者通过自己优质高效的服务，给乘客留下好的印象，乘客就愿意乘坐你的车，如果服务质量差，旅客下次乘车时只要有选择的余地，就不愿意再乘这种服务质量差的客车。久而久之，服务质量好的客车，其客源就充足，相反，就失去客源。

②负起法律责任，确保旅客安全。谁的车辆保安措施搞的好，能够保障旅客安全，谁就能得到更多的旅客。相反，如果经营者对旅客的安全不负责任，任小偷、劫匪上车横行，传扬出去，旅客肯定不会选乘这种车辆。

③讲究信誉，以诚待客。运输服务和其它服务业一样，讲究信誉的经营者就能取得旅客和货主的信任，而不守信誉，搞欺诈者，必然丢失市场。故要求经营者必须以诚待客。当经营者与旅客、货主发生误会甚至纠纷时，经营者应态度友好，处事公道诚实，必要时可多承担一些责

任，切不能推卸责任，甚至嫁祸于旅客。那样，即使在一两件小事上占了便宜，但却失去了大量旅客。

④保持车况良好，提高劳动效率。旅客乘车最希望的是快速安全抵达目的地。如果途中车辆抛锚会给乘客带来惊恐，有时会把乘客吓跑。因此，驾驶员要做好出车前、行车中和收车后的检查。坚决杜绝那些急功近利、明知车辆状况不佳仍坚持上路的做法。

⑤车容整洁，环境舒适。在其他条件相同的前提下，旅客肯定会优先选择干净舒适的车辆。因此，驾驶员要勤清洁，给旅客创造一个好的乘车环境，从而吸引更多的旅客。

总之，只有从硬件和软件上满足旅客、货主的要求，才能做到优质高效，才能提高经营者自身的信誉，进而取得良好的经济效益，这是当前汽车运输市场竞争取胜的客观要求。

(4)爱车节能，勤俭节约。艰苦奋斗、勤俭节约在我国汽车运输业发展历程中曾起到过重要作用。随着社会主义市场经济的发展，有的驾驶员认为这一传统已过时了，从而产生了贪图安逸、追求享受、铺张浪费的思想作风和工作作风。这些思想是与社会主义市场经济的客观要求是相违背的，也是与汽车驾驶职业道德规范相背离的。应该说在社会主义市场经济条件下，勤俭节约的光荣传统不但没有过时，而且在新时期显得尤其重要，更应该提倡和发扬。汽车运输经营者发扬勤俭节约的光荣传统，从自身内部挖掘潜力，降低运输成本，爱车节能，是提高经济效益和增强竞争能力的良好途径。因此，广大的汽车驾驶员要强化全局观念、效益观念，养成勤俭节约的好习惯。精心保护和合理使用车辆，减少燃油、材料和零配件的损耗，延长汽车使用寿命，确保汽车运输安全，提高汽车运输经济效益。

另外，爱车节能、勤俭节约还要求驾驶员具有环保意识和大局观念，自觉执行国家的环保政策，主动安装三元净化器，使用无铅汽油，使车辆尾气排放达到国家标准。也不能为了省钱，违反规定使用有铅汽油，造成环境污染，这是与爱车节能、勤俭节约的道德规范相违背的。

3. 公平竞争、讲究效益的具体要求

(1)正确处理好竞争与效益的关系。在市场经济条件下，可以说经济利益既是推动竞争的原动力，也是一切竞争的出发点和最终归宿。马克思曾指出："人们奋斗所争取的一切都与他们的利益有关。"他在论述资本的特性时，也曾引用登宁爵士的话说："如果有 10%的利润，它就保证到处被使用；有 20%的利润，它就活跃起来；有 50%的利润，它就铤而走险，为了 100%的利润，它就敢践踏一切人间法律；有 200%的利润，它就敢犯任何罪行，甚至冒绞首的危险。"这一精彩论段论述了资本主义市场经济条件下的竞争活动和竞争关系。资本家为了在竞争中追逐利润，什么缺德的事都干，甚至不惜犯罪，不怕上绞刑架。而当前我国实行是社会主义条件下的市场经济，同样也存在竞争，也要讲究效益。但是，我们提倡在平等的条件下，以合法竞争、公平竞争为前提。通过科学的管理、过硬的技术、优质高效的服务、诚实守信等正当的竞争手段，去获取良好的经济效益。这就客观要求广大经营者要有较高的政治思想素质，有正确的竞争意识和效益观念，在运输市场竞争活动中，正确的处理好竞争与效益的关系，坚决反对和制止那些片面追求效益，而置法律、道德于不顾的不正当竞争行为。如：有个别运输经营者或驾驶员为了多挣钱，在客、货运输过程中，超速、超载、互相超越(图 2-61)；经营户不按规定时间、地点、路线超范围经营；客运经营户不办理营业手续，开"黑车"违法经营(图 2-62)；还有的不依法按期交纳道路管理费、养路费等费用，不遵守运输合同等。这些行为严重破坏了正常运输市场的竞争秩序，是与公平竞争、讲究效益的道德规范相违背的。

(2)正确处理社会效益和经济效益之间的关系。效益有社会效益和经济效益。社会效益主要表现在经营者服务于社会以后，来自社会各方面的评价和经营者得到的社会地位。经济

图 2-61

图 2-62

效益是指经营者上缴利润和税收以后余下的纯收入。企业生产过程中取得经济效益的同时也不同程度地取得社会效益。经济效益的好坏影响着社会效益。而社会效益不好，也就谈不上经济效益。片面讲究社会效益是不科学的，只追求本部门的经济效益，不顾社会效益是与社会主义道德相违背的。如何在保障社会效益的同时取得经济效益，使社会效益和经济效益结合起来，是摆在我们汽车运输行业面前的首要任务。汽车运输作为服务性行业，首先要满足旅客、货主的要求，使他们放心满意，从而赢得广大旅客和货主，占有市场，取得良好的社会效益。并通过充分调动广大从业人员的积极性和创造性，发扬团结协作精神，在工作过程中通过提高运输质量、提高客货实载率、缩短旅客和货物在途时间、加速车辆周转、提高汽车的利用率以及优质服务来吸引客源和货源，进而提高经济效益，使社会效益和经济效益结合起来。但社会效益和经济效益在某一个时期、某种特定的情况下可能发生矛盾，这时，作为局部的运输单位，就应该把全局的社会效益放在首位，这是汽车驾驶员职业道德的基本要求。汽车运输的主要任务是为国民经济和社会服务。目前，国家正在通过改革改变过去经济活动中不按经济规律办事的弊病，着手建立自觉运用价值规律的经济体制。但是，经济效益与社会效益这一对矛盾，长期都会程度不同地存在，无论何时，我们都要服从社会效益。例如，定点班车有时只有几个乘客，应该说没有经济效益，但还得正点出车。在行车途中，有时只有一个旅客等车，也不能怕麻烦；又如城市的公共汽车，主要的是社会效益，便利人民交通，低廉的票价总是入不敷出，公交职工的收入都比较低，但每天总还是正点出车、收车，这些都是服从社会效益的具体表现。当然这样做并不是不讲经济效益，经济效益是反映企业效益的指标，只有把各项工作纳入以经济效益为中心的轨道，汽车运输的发展才有内在动力。特别是在推行经济承包责任制的情况下，经营者更加注重自身的经济利益。因此，必须确立全局观念，发扬团结协作的精神，把社会效益和经济效益统一起来，处理好社会效益和经济效益的关系。

社会效益与经济效益的关系也反映在长远利益和眼前利益的关系上。在社会主义市场经济条件下,每个经营者的长远利益和眼前利益从根本上是一致的,归根到底是统一到社会主义生产目的上。但又有矛盾,表现在长远利益代表着全局的根本利益,反映在社会效益上;而眼前利益则代表着局部的暂时利益,反映在短期的经济效益上。在汽车运输实践中往往会出现相抵触的现象,有的人为了眼前利益,采取"杀鸡取卵"、"竭泽而渔"的办法,有利的就运,无利的不运,得罪了货主,失去信誉,这就从根本上损害了长远利益。因此,我们要看到随着交通运输事业的发展,交通运输紧张状况的缓解,客源和货源的竞争会更加激烈。看不到这个趋势,在运输生产中只顾眼前利益,不顾长远利益,就有可能失去一大批未来的货源、客户,从而失去长远利益。随着我国价格体系的改革,部分不合理的低运价货物其运价会调高,所以汽车运输经营者应当把眼光放得远些,绝不能急功近利而影响未来的发展。

(3)正确处理好竞争与合作的关系。在汽车运输经营活动中,经营者之间既存在着竞争关系,也存在着合作关系。正确对待和处理好竞争与合作的关系,是公平竞争、讲究效益这一规范的具体要求,也是对每一个经营者提出的道德要求。

实践证明,运输市场的发展离不开竞争,也离不开合作,对此要从两个方面看。首先,竞争推动了运输市场的发展,调动了经营者的积极性。没有竞争,就不可能提高运输质量。另一方面,成功需要合作,只有合作才能有竞争力,才能共同提高和发展。因此,竞争与合作的目的是一致的。合作并不排斥竞争,两者互相渗透,相辅相成。合作中有竞争,竞争中也有合作。竞争促进了合作的加强,合作保证了竞争的胜利。我们鼓励公平竞争,提倡合法竞争,保护正当竞争。同时,又提倡合作,提倡互相帮助、互相支持。我们每个经营者只有处理好这对矛盾,正确发挥竞争的积极作用,同时促进合作的发展,才能符合职业道德规范的要求。

(4)正确处理好职工与企业之间的关系。竞争必然引起国有运输企业职工思想观念的变化,对国有运输企业职工进行正确引导,使其端正思想,提高认识,正确处理好与企业之间的关系,是公平竞争、讲究效益这一道德规范的要求。

我国古代有一则寓言故事,说的是一条满载乘客的渡船划到江心,船底忽然穿了一个大洞,这时,乘客们十分着急,有的抢堵漏洞,有的往船外舀水,但有一个乘客却若无其事地坐在一旁,还责备别的乘客说:"管它船漏船破的,反正这条船又不是我自己的,不关我事"。在竞争异常激烈的今天,那些不关心集体事业的兴衰成败,只顾个人利益的人,就像这位"不关我事"的乘客一样,是十分可气和可笑的。这则故事蕴含的道理十分深刻,它告诫我们国有运输企业的每一位驾驶员,必须在思想上搞清个人与企业之间相互依存的辩证关系,自觉地做到热爱集体,关心自己的企业。对此,我们要从以下几方面认识理解:

①职工靠企业生存。企业给职工提供就业机会,是我们驾驶员从事运输生产和施展自己驾驶技能、经营才能的场所,也是生存的依托。如果企业效益不好,发不出工资,职工的生活就得不到保障,就有可能面临下岗。因此,关心企业就是关心自己。

②企业靠职工发展。职工是企业的主人,驾驶员的素质高低决定运输企业的发展。汽车运输市场的竞争,就是对旅客和货物的竞争。运输企业之间的竞争,是驾驶员整体素质的竞争。如果由于个别驾驶员素质差,运输经营活动中有不良行为,使企业失去信誉,就会影响企业的生存和发展,最终失去市场。所以,俗话说:"职工的心,企业的根"。运输企业的发展离不开广大职工的努力。

③职工与企业共担风险,共享成果。随着运输市场的改革,许多国有运输企业实行了委托经营或私人承包、单车核算等经营形式,运输企业的效益与驾驶员的收入直接挂钩。国有运输

企业与驾驶员休戚相关,利益与共,结成了命运的共同体,这就给国有企业战斗在运输生产第一线的广大驾驶员提出更高的要求。做为企业的主人,必须明确自己的责任,明确自己与企业共担风险、共享成果的关系。要有主人翁意识、风险意识和危机意识,与企业同呼吸、共命运。工作中做到积极肯干,不断改进工作方法,学习先进经验,向运输用户提供安全、及时、经济、方便、舒适的优质服务,自觉维护企业利益和荣誉。可见,正确处理好自己与企业之间的关系是从事运输经营活动的最基本前提。

(5)正确处理好利与义之间的关系。“义利之辩”是中国思想史上一个重要的基本问题,春秋战国时,孔子就主张“见利思义”思想。也就是说,在义利发生矛盾而不可兼得时,就应当舍利从义、舍利求义。孔子反对只见小利而忽视作为“大事”的义,指出“见小利而大事不成”。同时孔子不反对合乎“义”的富和利,认为还要努力去获得它。孔子这些思想促进了道德科学的发展,对探讨当今社会主义市场经济条件下的义利关系具有研究价值。当前,汽车运输市场发展迅猛,竞争异常激烈,广大的汽车运输经营者确立正确的义利观非常重要。这对引导经营者正确处理好竞争与合作、自主和监督、效率和公正、先富和共富、经济效益和社会效益等关系,反对见利忘义、唯利是图的不正当竞争行为,维护良好的运输市场秩序,加强精神文明建设有着重要意义。

那么,汽车运输经营者应确立什么样的义利观呢?“利”主要是指广大的旅客、货主的利益和国家的利益以及在此前提下合法正当的个人利益。“义”主要是指崇高的精神理想追求和高尚的道德行为。在社会主义市场经济条件下,我们应强调义利关系的辩证统一。如果只讲义,不讲利,义就会失去物质基础,社会就难以发展,义也就无所依托;如果只讲利,不讲义,人人唯利是图,争霸于市,金钱至上,运输市场就会陷入混乱,就无法健康的发展,利也就不可能得到有效保障。因此,讲义并不是要经营者放弃自己正当的物质追求、合理的个人利益,搞禁欲主义;同样,讲义,也不是要人们放弃高尚的精神追求,更不是提倡腐朽没落的个人主义、利己主义、拜金主义,而是鼓励人们合法、合理地去创造和实现自己的利益。我们搞市场经济,就不能不承认物质利益对经营者的激励作用。从这种意义上讲,市场经济是不能不“言利”的。但是,有少数经营者认为,汽车运输经营已经市场化了,就应该少说义多讲利,甚至可以不言义只讲利。什么危险物品、禁运物资,只要挣钱我就干,这种把义和利对立起来的观点是十分错误和有害的。为了使汽车运输市场健康发展,要求经营者在保护旅客、货主及自己正当利益的同时,也要讲竞争和效率,但这一切必须是合法的、有规则的。这就是我们所提倡的“利义观”(图 2-63)。

图 2-63

(6)正确处理竞争中成功与失败的关系。在竞争中优胜劣汰是客观规律,是竞争的必然结果。广大驾驶员必须端正思想,正确地看待与处理好成功与失败的关系。失败是成功之母,成功来自于失败的经验总结和继续努力。我们应当成功不骄傲,失败不气馁,不以一次成败论英雄。要多从主观上找原因,从自己的管理、服务质量、经营方法、竞争策略、市场分析等方面找出差距。不能自暴自弃,埋怨制度不合理,或者怀疑国家的政策。甚至出现违法竞争或不正当竞争的行为。总之,要做事业上的强人,而不做弱者。只有正确的对待和处理好成功与失败的关系,才是最终的胜利者。

第六节　安全第一　团结协作

一、安全第一的含义及重要性

1.“安全第一”的含义

从事汽车运输业的广大驾驶员要牢固确立“安全第一”的思想,具有对人民生命和国家财产安全高度负责的责任感,认真对待自己的特殊职业,谨慎驾驶,规范行车,保证旅客、货物、行人及自身的安全。

确保运输安全,既是完成运输生产任务的前提,也是汽车运输职业道德的最基本要求。可以说,没有安全就没有一切。安全的重要性是由安全在汽车运输中的地位所决定的。一个汽车驾驶员,只有对安全运输生产的重要性有足够的认识,才能自觉地履行“安全第一”的职业道德规范。

2.“安全第一”的重要性

汽车作为现代化的交通工具,已成为现代文明的标志。随着人民生活水平的提高,汽车逐渐进入百姓家庭,给人们的生活或生产带来了极大的方便。同时,汽车运输也带来了一大难题,就是大量的交通事故伴随而来。据统计,全世界平均每年死于车祸的人数有25万人。自汽车问世以来,已有3 500余万人丧生于车祸,这相当于约两个澳大利亚或三个比利时的人口。交通事故已成为世界性的问题。我国的道路交通事故发生率是比较高的,尤其近几年来,在市场经济条件下,人们的时效意识增强了,而安全意识淡薄了。据资料统计,1997年全国共发生交通事故30多万起,造成7万余人死亡(平均每天丧生在车轮下的近200人),19万余人受伤,直接经济损失18.5亿元,分别比上年增加5.7%、0.3%、9.0%和7.5%,交通事故上升的势头令人担忧,道路运输安全形势依然严峻。从产生事故的原因分析,70%~80%是由于驾驶员的因素造成的。因此,对汽车驾驶员进行安全教育和职业道德教育,使驾驶员充分认识安全的重要性,提高驾驶员的安全意识,是预防和防止交通事故发生的有效措施。

“安全第一”的重要性可从以下几方面认识:

(1)是汽车运输生产属性的反映。汽车运输就是汽车驾驶员利用汽车这个运输工具,向社会提供劳务服务,完成人和物(旅客和货物)在时间和空间上的位移。汽车运输的属性要求在运输过程中不能改变人和货的形态,如果改变了,就是一种祸害。货物形态的改变就是货损货差,人体形态的改变就是人员伤亡。因此,汽车运输首要的条件就是安全,没有安全就不存在运输,安全是汽车运输生产客观规律的反映。

(2)是汽车运输经营者的生命线。在市场经济下,各运输经营主体所追求的就是经济效益,要把经济效益搞上去,安全是前提。驾驶员由于思想麻痹,缺乏安全责任感,一旦发生车毁人亡的交通事故,必然造成重大的经济损失。除了自身的经济损失外,还必须按规定向托运方赔偿经济损失,向受害者作物质和精神赔偿等。可见,没有安全就没有效益。广大的汽车驾驶员要提高认识,树立“安全第一、服务第一”的思想观念,把提高效益和安全生产统一起来,把安全放在生产的首位。

(3)是维持社会生产秩序和维护社会安定的保证。汽车运输业是社会生产的先行官,为工农业生产运来原材料,运出生产成品,对促进城乡交流、活跃市场经济,起了很大促进作用。如果不能保证运输安全,发生交通事故,就容易造成道路堵塞,妨碍旅客和货物的正常流动。打破人们正常的生活秩序,影响工农业生产。运输中断,耽误到货时间或者造成货损货差,生产单位就得停工待料;外贸货物不如期交付就得赔款。特大恶性事故发生后,社会影响很大,地方政府、肇事者单位和受害者家属等要花费大量的人力、精力、物力,处理善后事宜,对地方经济发展造成十分不利的影响。交通事故造成的社会压力,往往成为不安定的因素。因此,交通安全是维持社会生产秩序和维护社会安定的保证。

3.“安全第一”的具体要求

(1)进行安全教育,增强安全意识。交通事故给国家和人民生命财产带来不可弥补的损失,给人类造成悲剧。事故发生之后,许多驾驶员后悔莫及,后悔自己事前不应该这样或那样做。这说明每个驾驶员对交通安全都有一个认识和受教育的过程。历史的经验告诫人们:对于所有灾害,不能听凭自然,任其降临和发展,而必须尽人之所能,防患于未然。对汽车驾驶员采取科学的、行之有效的、深层次的安全教育,增强其安全意识,是预防交通事故发生的有效措施,是进行职业道德教育的重要内容。

在社会主义市场经济形势下,广大的汽车运输经营者的思想、观念发生了很大的变化,人们的时效观念、竞争意识增强了,这固然是个好现象,但我们也看到少数驾驶员的安全意识逐渐淡薄了。近几年来,随着汽车运输市场的迅速发展,从事个体运输经营的驾驶员逐渐增多(据统计,个体车辆拥有量和个体驾驶员每年增长 17%~20%),他们的参与活跃了运输市场。但由于安全管理措施跟不上交通发展的需要,从而使个体驾驶员发生的交通事故大幅度增加。特别是从事客运的特大恶性事故有增无减。据统计,1997 年全国共发生 35 起死亡 10 人以上的特大交通事故,个体驾驶员发生的就占 24 起。从发生事故的原因看,主要是由于驾驶员参加安全学习少,部分个体驾驶员为了多赚钱,只顾上路跑运输,不注意自身的安全学习,也不注意车辆的维护,经常开“带病车”,开“疲劳车”等。这足以说明,当前对驾驶员(特别是个体驾驶员)进行安全教育的重要性和紧迫性。

个体驾驶员缺乏组织和制度约束,自谋职业,或者受雇于他人,由于对这部分驾驶员管理跟不上,又不能有效地进行安全教育,造成少数驾驶员安全意识淡薄,职业道德修养差,甚至个别驾驶员根本不明白安全行车的重要性,也不知道本行业的职业道德是什么,长期以来,滋生出各种各样的不良心态。对这部分人加强职业道德教育和交通安全教育,提高他们的思想素质和安全意识,增强其遵守交通法规和安全行车的自觉性,及时纠正他们的许多不良行为和心态,对确保交通安全,防止交通事故的发生具有十分重要的作用。

在汽车驾驶员中进行安全教育,除了有计划、有组织的进行外,主要是驾驶员加强自我安全教育,具体要做好以下几方面:

①提高对交通安全的认识。只有对交通安全有正确的认识,保持良好的心态,才能确保行车安全。少数驾驶员对交通安全认识不够,认为:“开车自有三分险”、“常在河边走,哪能不湿鞋”、“出事故很正常”、“事故不可避免”,因而在具体的工作中对人民群众生命和国家财产安危漠不关心,技术上得过且过,操作时随随便便,车况路况气候情况不闻不问,这样的驾驶员怎能不出事故呢?下面再列举几种常见的驾驶员缺乏对交通安全正确认识的表现:

a.只顾效益,不顾安全。近几年来,一些个体驾驶员或承包运输企业车辆的驾驶员不能正确认识安全在生产中的突出作用，片面认为只要生产效益好就行，一般不可能出事故，甚至有个别的运输经营者认为只要挣钱就行，出事故不就是赔点钱吗？小意思等。表现在运输生产中，把安全抛在脑后，为了“钱”违章、违规，造成交通事故(图 2-64)。

图 2-64

b.侥幸、麻痹心理。有个别年轻驾驶员，自以为年轻，手脚灵活、脑子灵敏，事故不会落到自己头上；或者认为天气晴朗，视线良好，道路宽直，可以松弛一会儿，抱不会出事的侥幸心理；甚至有个别驾驶员认为自己关系硬，有点违章行为没事，领导说说情或包庇一下就过去了；有的驾驶员对交通安全的重要性缺乏足够的认识，只顾从个人的角度考虑问题，而不是从大局出发，从国家、人民生命财产着想，也不考虑发生交通事故所带来的社会后果。有人认为发生交通事故不就是自己经济上损失一点吗？我有钱，无所谓，视交通安全为儿戏，直至造成重大交通事故(图 2-65)。

图 2-65

c.骄傲自满、经验主义。有些驾驶员刚开始驾车还能经常提醒自己谨慎驾驶，注意安全，但随着驾龄的增长，认为自己的技术水平可以了，渐渐放松安全学习，不能严格要求自己，因而表现为对自己的驾驶技术过分自信，经验主义思想严重，明知酒后驾车是禁忌，却还喝得晕头转向坐进驾驶室；明知车的技术状况存在隐患，不利行车安全，但总说“没问题”。在我们驾驶员队伍中，有这种思想的人不少，由此而造成的交通事故也屡见不鲜(图 2-66)。

以上这些错误的思想认识，实际上是一种麻醉剂，最容易涣散驾驶员安全行车心理，丧失警惕性，这本身就是一种事故隐患。没有安全保障就不可能有效益。效益与安全，犹如一座座大厦，大厦拔地而起，足见效益辉煌，而“安全”是大厦的支撑点，虽看不见但溶合其中，起着关键的支撑作用，一旦支撑垮掉，大厦就会倒塌。当你感到安全时，危险就在你身边；当你说“没问题”的时候，实际这本身就是个问题。汽车驾驶员不能只嘴上讲安全，要落实到具体行动中去。只要时时刻刻保持警惕，做到居安思危，事故是可以避免的。总之，安全工作是来不得半点疏忽的。安全行车是一项永无终点的长跑竞赛，每一个驾驶员对此必须保持清醒的头脑。

②自我反省，换位思考。汽车驾驶员要结合平时行车中见到或听到的交通事故案例，进行

分析、总结、积累经验,吸取教训,对自己的不安全行为进行自我反省,找出自身存在的事故隐患,并针对易出现的各种情况,制订安全预防措施。同时,结合交通事故案例,与受害者进行换位思考。假如我是一位受害者,或者受害者是自己的亲人,假如自己财产在运输过程中受损……,自己会有怎样的心情呢?要经常告诫自己,不能让自己的亲人成为交通事故的受害者,不能让自己家产受损失。国家的财产、人民的利益就是我们自己的财产和利益。通过自我反省,换位思考的自我教育方法,增强自身安全责任感,以达到安全行车的目的。

图 2-66

③正确处理好交通安全与交通事故的关系。任何事物都充满矛盾,它们相互联系又相互排斥,在一定的条件下还可以相互转化。驾驶车辆同样也存在着安全与事故的矛盾。由于驾驶员的作用,矛盾也可以转化,变事故为安全,也可变安全为事故。在运输生产过程中,如果发现汽车转向、制动不灵,及时修理,就可避免事故;反之,带“病”出车必然增加不安全隐患。穿山越岭,通过冰雪路面或通过行人稠密的繁华城区,虽然环境对安全不利,但只要驾驶员警惕性高、谨慎驾驶,仍然可保安全。即使行驶在宽敞的高速公路上,驾驶员思想麻痹或无视交通法规,同样出事故。因此,驾驶员要正确理解和处理好安全与事故的关系,以预防为主,使事故变为安全。有时驾驶员通过主观努力,可以避免交通事故,但由于各种客观因素,事故总是存在,驾驶员除要做到积极预防外,还要求对交通事故有正确的认识。在行车过程中,不论自身发生事故或遇到其它车辆发生事故,都要采取冷静、理智的态度,严格按照交通事故处理程序去做,及时报案,保护现场,抢救伤员和财产,尽可能把损失降低到最低限度。在我们日常的所见所闻中,个别驾驶员对交通事故缺乏认识,缺乏责任感,缺乏人道主义精神。例如有的驾驶员错误的认为,既然事故是不可避免的,客观存在的,就对事故采取消极悲观的态度,而放弃了积极的预防措施;有的驾驶员认为自己有钱,出个小事故无所谓;也有的驾驶员对交通事故理解不够,发生事故后存在侥幸心理,在无人发现的情况下,伪造现场,肇事逃跑(图 2-67);有的肇事驾驶员报假案,有意歪

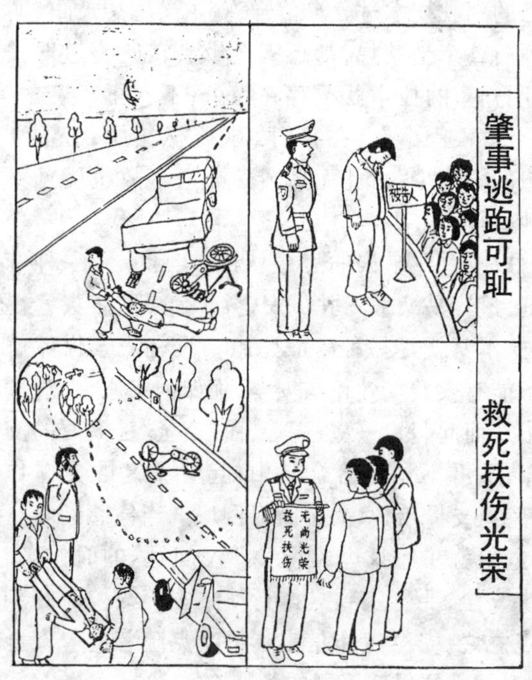

图 2-67

曲事实,颠倒是非,逃脱法律责任,结果弄巧成拙,最终受到法律制裁(图 2-68)。因此,驾驶员正确认识和对待交通事故,也是检验和评价驾驶员是否具有遵纪守法、规范行车意识和是否做到知行统一的重要方面。要求驾驶员必须树立高度安全责任感,保持良好心态,正确认识和处理好交通事故,这是每个驾驶员义不容辞的义务。

(2)培养驾驶员良好的心理素质。汽车驾驶员不但要有过硬的专业驾驶技术和良好的身体素质,而且更要具有良好的心理素质。实验表明,在相同的技术水平、相同的体力条件下,心理素质差的驾驶员比心理素质好的驾驶员开车肇事的可能性更大。在危急时刻,驾驶员反应灵敏、情绪稳定、机智沉着、措施得力可能转危为安;相反,反应迟钝、情绪紧张、手忙脚乱可能造成车祸。可见,驾驶员的心理素质与安全行车有着直接关系。在我国交通环境复杂,如路况较差、混合交通、行人的交通安全意识淡薄等情况下,要求驾驶员必须反应迅速、判断准确、情绪稳定,具有超常的耐性和较强的韧性。要做到这一点,除了经常进行自我安全教育外,还要加强文化修养和职业道德修养,有意培养适应于复杂交通环境的安全性格。在具体的实践活动中,驾驶员要注重以下几方面素质的培养:

图 2-68

①注重培养自己的安全性格。在汽车驾驶实践活动中,我们发现并不是每一个驾驶员都具有适宜驾驶工作的良好性格,大量交通事故的发生都与驾驶员不良性格紧密相关。因此,驾驶员主动培养自己适应于驾驶工作的安全性格,特别是学习汽车驾驶或刚从事驾驶工作的年轻驾驶员,多数是处在性格定型期的青年人,但尚未完全成熟,培养优良的安全驾驶性格,有利于养成好的驾驶作风,对安全行车有着重要的意义,也是驾驶员进行自我道德修养的内容。

性格是人对现实的态度和与之相习惯的行为方式,也就是人们平常所讲的"品性"。驾驶员的安全性格是在长期职业实践中形成的,是一个较为稳定的个性心理特征。也就是说安全性格一经形成,就比较稳定,并贯穿在驾驶员全部行为活动中。一个有良好的安全性格的驾驶员,其行为举止优雅稳重,温和端正,感情豪放,对自己所从事的汽车驾驶职业有一种自豪感和强烈的责任感;在行车过程中,能对自己的行为进行自觉的调节,能够正确处理好时间、精力、苦与累、得与失的关系;能够控制自己的情绪,使自己的情绪不受外界感染,正确处理好行车的快与慢之间的关系;能够有较强的自控能力,克服冲动,主动约束自己,正确处理好行车中有理与无理之间的关系等。因此,驾驶员有一个良好的安全性格是安全行车的保证。每一个驾驶员平时要严格要求自己,加强自我修养,有意识的培养自己的安全性格。

②调节和控制自己的情绪。驾驶员的情绪对安全行车影响很大。在积极的情绪状态下,工作效率高,驾驶员的差错失误也少;相反,在消极的情绪状态下,不但运输生产效率低,而且因驾驶员精神萎靡,反应迟钝,观察和思考的主动性降低,就会使不应有的失误增多。因此,驾驶员应该经常处在积极的情绪状态下驾驶车辆,愉快地完成运输生产任务。然而,驾驶员是社会的一员,由于社会的复杂性,他不可能经常生活在理想的环境中,不理想的境况总会发生。

另外，由于我国现行大量的混合式交通和道路超负荷运行，驾驶员与其他驾驶员、骑车者、行人、警察等难免要发生这样或那样的冲突，这些情况必然引起驾驶员心理状态的变化，产生不良的情绪。在这些情绪的影响下，必然会出现一些不安全的行为，甚至可能会做出超乎寻常的越轨行为。如强行超车、强行会车、超速行驶等，往往不考虑其行为后果。在这种状态下发生的交通事故已屡见不鲜。下面列举几种不同的情绪对交通安全影响的分析：

a.愉快的情绪。一般来说，愉快情感的产生对工作是有利的，但极度愉快会导致驾驶员将注意力过多地集中于欢乐的事物之上，会失去对周围事物的感知。通常驾驶员愉快的情感来自家庭方面和驾驶员自身方面。例如，有这样一个驾驶员，他十分疼爱自己的孩子，在孩子过生日之际，与妻子一家三口开吉普车郊游，一路上夫妻俩与孩子逗乐，欢声笑语，在极度的欢乐之中，驾驶员忘了关好车门，在转弯时，强大的离心力将孩子抛出车外，被自车后轮压死，其惨状令夫妇二人悲痛欲绝，后悔莫及。愉快之中乐极生悲的案例很多。

b.悲哀情绪。有悲哀情绪的驾驶员在行车中容易静静地想着心事，无心对环境作出反应，直接影响行车安全。例如，驾驶员的亲人病故，一段时间内，驾驶员的悲哀情绪始终存在，如果不能消除，在行车过程中，注意力不能够及时转移，对路面上出现的意外情况不能准确判断，这种情况最可怕。这时，最好的办法是不出车，或者是及时停车调整。

c.烦恼情绪。驾驶员生活在社会中，复杂的社会有可能带来这样或那样的烦恼。如成年人夫妻之间吵架，家庭成员生病住院，小孩逃学等，都会带来不同程度的烦恼。有烦恼情绪的驾驶员，开车中注意力会产生偏移，对交通环境的感知减弱，容易遗漏必要的信息。烦恼是影响交通的不安全因素。如有一位驾驶员在调资时未能评上，于是顿生烦恼，认为大家都与他过不去，恨单位、恨领导、恨同事，情绪焦躁不安。行车途中，这种烦恼情绪始终笼罩着他，注意力不集中，过路口时，没有及时发现两侧的车辆，与一大货车相撞，造成车毁人亡(图2-69)。又如，有一客运驾驶员因有烦恼情绪，对旅客态度生硬，当旅客提意见时，不但没有接受，反而与旅客争吵起来，使烦恼的情绪更大。在行车过程中，把烦恼发泄到驾驶操作上，急打转向，紧急制动，结果因操作不当造成交通事故。

图 2-69

d.赌气。产生赌气的心理因素主要是由于心胸狭窄，缺乏涵养，不能容人，报复心强。汽车驾驶员在发怒时情绪激动，不能控制自己，就容易开“赌气车”。开赌气车的现象很多，“甩屁股”就是其中一例。超车时后车要超而前车不让，后车连续鸣喇叭，前车仍不让开，这样双方就赌上气了。后来前车终于让开时，后车急忙加速超越，待后车车头驶到与前车车尾并列时，前车猛打一把转向，车尾也随之一甩，这时，后车要么被前车车尾撞击，要么就打转向回避从而掉入公路外沟田。另有一严重案例：有两青年驾驶员各驾一辆解放牌汽车相向行驶，在驶入一段狭窄路段时，谁也不让谁，僵持过程中，竟然一气之下，同时对开碰撞，造成两车损坏、两驾驶员均受重伤的严重后果。这是多么恶劣的驾驶作风！

以上案例足以证明各种情绪对安全的影响。作为一名职业汽车驾驶员，要不断加强职业道德的学习并进行自我修养，要做情绪的主人，注意调节和控制自己的情绪，并学会调节和控制自己情绪的有效方法。当遇到愉快事情时，不能忘记“乐极生悲”；当遇到痛苦的事情时，应把自己的注意力转移到愉快的事情上去，或者暂停开车；当遇到烦恼的事情时，要鼓励自己与痛苦和逆境作抗争，用生活中的哲理来安慰自己，从而树立起对生活的信心；当发怒时，用语言暗示自己“不要发怒，发怒会把事情搞糟的”；在陷入忧愁时，提醒自己“忧愁是不起一点作用的”。此外，还要学会用谅解和理解对方的方法来调节和控制自己的情绪。例如，与妻子因家务吵架后，要想想现代职业妇女确实辛苦，既要搞好单位的工作，又要理家，是够难的了。这样你就会消去那些无明之火；对于警察的罚款和批评，要想到这是他们的职责，不然放任自流，交通混乱将何以整顿？这样理解了也就消气了……。总之，要学会抑制消极情绪，激发自己的积极情绪，使自己在行车中始终有一个良好的精神状态。这是确保行车安全的重要因素，是提高驾驶员自身心理素质的一个行之有效方法，也是“安全第一”道德规范的客观要求(图 2-70)。

(3)要加强职业道德自我修养，培养自己的职业道德品质。提高汽车驾驶员的心理素质，不但要注重性格的培养、情绪的调节与控制，更重要的是加强自身修养，培养高尚的职业品质。如果驾驶员对自己所从事的职业道德规范认识不足，就会受社会环境的影响，在心理和行为上发生变化。一个驾驶员没有确立“安全第一”的思想，他在工作过程中，就不能有“安全第一”的具体行为。因此，要求每一个驾驶员在职业实践中，联系实际，认真学习和正确理解汽车驾驶员职业道德规范的内容和要求，提高自己对“安全第一”这一规范的道德涵义的理解和认识，积极参加安全活动，自觉接受教育，不断增强职业道德意识，逐步培养自己的职业道德品质，这是提高驾驶员心理素质的重要方面。

图 2-70

(4)要培养良好的职业习惯和驾驶作风。能否实现安全运输，不仅与驾驶员的心理素质、技术水平、性格、情绪有关，还与其涵养、驾驶习惯有关。也就是说要求驾驶员要注意培养良好的驾驶作风，养成良好的职业习惯，具备良好的道德涵养。

习惯是一种比较固定的、机械的完成自动化动作的倾向。较难改变，并在一定程度上制约人的行为。对驾驶员来说，养成良好的职业习惯有利于促进并适应职业活动的需要，而不良的职业习惯可能给安全行车带来干扰和危害。下面列举几种不良驾驶习惯对安全行车的影响：

①不重视出车前的“三准备”(思想、身体、车况)。个别驾驶员白天开车，夜间参加其它社会活动，得不到很好休息，因体力、精力不充沛，疲劳驾驶造成交通事故。也有个别驾驶员没有勤检查车辆的习惯，对车况不了解，或过于自信，麻痹大意，造成交通事故。

②在驾驶技能操作上太随便。个别驾驶员虽然已掌握一定的驾驶技能，但思想麻痹，图方便、省事，违犯操作规程，造成交通事故或机械事故。

③凭估计，没有养成确实掌握各种运动要素的习惯，常以主观愿望和侥幸的心理去代替辛勤工作，缺乏礼让三先的风格，作风拖拉、不勤快，只凭自己的直觉，缺乏非自觉灵感。

④没有形成良好的驾驶作风。个别驾驶员只图痛快，盲目开快车，不能正确处理好快与慢、有理与无理、得与失之间的关系，只凭感觉和片面经验，缺乏数据概念和相应安全条件的落实，具有粗暴急躁的习惯，走捷径，不愿多想对方的困难，开英雄车、赌气车、逞能车，以致造成交通事故。

⑤有注意力不集中或好奇的习惯。个别驾驶员行车过程中爱聊天，爱回味一些耿耿于怀的生活事件，容易为一些与驾驶信息无关的新奇事件所吸引，心神分散，注意力难以集中，结果造成事故。

以上这些不良的职业习惯和驾驶作风直接影响着行车安全。因此驾驶员一开始就要养成良好的驾驶习惯，从一点一滴做起，加强自身职业道德修养，以交通法规来自我约束，严格遵守汽车驾驶员安全操作规程，避免操作失误或麻痹大意，学会自我调节和集中精力，有意识地培养自己良好的职业习惯和驾驶作风，为安全行车打好基础。这是"安全第一"这一道德规范的基本要求。

二、团结协作的含义及重要性

1. 团结协作的含义

团结协作是汽车驾驶员正确处理职工之间、工种之间、部门之间、社会各行业之间与社会其他成员之间的有关个人利益与集体利益、局部利益与全局利益、眼前利益与长远利益关系的道德规范，是汽车运输职业道德的重要内容之一。

团结，是指为了集中力量实现共同理想或完成共同任务而联合或结合。协作，是指若干人或若干单位互相配合来完成任务。

社会化的机器大生产把人们紧密地联系在一起，以致于社会各行业之间、人与人之间互相依赖、互相依存、彼此间谁也离不开谁。在当今的社会主义市场经济大潮中，这种关系显得尤为突出。不同行业之间、同行业之间、单位之间及职业活动内部的人与人之间是一种公平竞争、团结协作、互惠互利、共同发展的关系。它们的根本目的都是为了社会主义四化建设和满足人民群众日益增长的物质文化生活需要。但是，因为它们都具有自己相对独立的利益，在竞争中发生矛盾是不可避免的，而解决和调节这个矛盾遵循的原则就是团结协作。

2. 团结协作的重要性

团结协作是汽车运输生产特点的客观要求。汽车运输行业作为特殊的生产行业，在商品生产和流通中起着桥梁和纽带作用。虽然汽车运输在国民经济中只是一个局部，但这个局部与能源、教育、科学、农业一样，对国民经济全局有举足轻重的影响。汽车运输行业只有摆正自己的位置，才能产生积极的作用，促进国民经济的稳步发展。因此，汽车驾驶员必须与交通行业其它部门的职工一起，树立团结协作的观念，从国家这一全局出发，确立自己的经营方向和经营手段，提高客、货运输质量，使交通运输这根国民经济的"动脉"畅通无阻，当好四化建设的先行官。

社会化大交通使得公路、铁路、水运、航空、管道五大运输方式既有专业分工，又相互依赖合作，构成跨地区、跨部门、多层次、多环节的广大联运网络。它们之间在不同的交通环境里，存在对客源、货源的竞争。旅客、货主可从自己的利益出发，根据自己的需求选择运输方式。如一个旅客从甲地到乙地，有公路、铁路、航空三种运输方式选择，旅客可从时间、价格、服务质量等几个方面综合考虑，从而选择适合自己要求的运输方式，其中服务质量是争取客源的关键，哪一方服务质量好，旅客走向谁一方，因此，他们之间存在一种竞争关系。但是，它们之间客观上存在团结协作的关系。一些旅客、货物的运达不可能用一种运输方式就能完成，必须通过换乘、转运方式才能到达目的地。另外，对运输时间的准确性和运输过程的连续性要求也越来越高。无论哪个部门、哪个环节出现问题，就必然会造成旅客的不便和国家财产的浪费，也影响其它运输行业的正常生产。所以说，交通运输业内部各行业之间存在公平竞争、团结协作的关系。汽车运输行业的职工必须树立整体作战思想，克服本位主义和小生产意识，为了一个共同的目标，既要相互竞争，又要相互促进，相互理解，发扬团结协作、同舟共济的精神，只有这样，才能促进整个交通运输业的兴旺发达。

汽车运输生产的一个显著特点是既单独操作，又联合作业。在汽车运输内部有驾驶、修理、机务、站务等工种。在整个运输生产过程中各部门、各工种、各工序之间密切配合，分工协作，相互照应，就像球场上的运动员之间的配合那样，高度默契，做到机动灵活，紧密配合，才能提高工作效率和服务质量。例如，遇到脏、累、难、重、苦的工作，主动承担，尽量把方便让给别人，只有这样，才能发挥整体威力，更好的完成运输任务。如果企业内部各部门、各工种、各工序片面强调本工种、本部门利益，互相之间不团结、不协作，必然会影响生产。如驾驶员只挑拣便于装卸、运输道路平坦的货物运输，对一些脏活累活，不便于装卸、运输道路不好跑的，就以各种理由拒绝运输；修理工怕脏怕累，对工作马马虎虎，甚至故意刁难驾驶员；装卸工拖拖沓沓，应该装的不装，应该卸的不卸，互相扯皮，互相推诿，将职业道德抛在脑后，结果必然造成有货不能运，病车无人修，有货无人装，正常的生产秩序被搅乱，国家经济受到损失，经营者效益更无从谈起。

在汽车运输过程中，汽车驾驶员经常与装卸、押运、货主单位验收人员接触，在接触过程中，难免随时有各种矛盾发生。如装卸人员从自身装卸方便角度出发，要求驾驶员把车靠在他认为最恰当、最方便的位置上，而驾驶员却认为这样停车不合理，即使可以移动一下位置而方便装卸工，也不愿意谦让，不愿意为装卸工提供方便。结果双方固执己见，各不相让，置生产任务于一边，有车有货却不能正常工作，使国家、企业、个人蒙受不必要的损失。这是与我们提倡的团结协作的职业道德相违背的(图 2-71)。

图 2-71

在交通环境中，众多的车辆在道路上行驶，也难免要出现意外情况。如遇到交通事故，要帮助拦车，救护伤员，被拦车辆不管有何种困难，都要先救护伤员，都要先救死扶伤，以减少不必要的流血伤亡，而有的驾驶员害怕弄脏车，或害怕麻烦，加速绕道而过，使伤员不能及时送往医院，耽误治疗，造成死亡。汽车行驶中经常出现故障，也希望得到过路驾驶员提供工具、技术等方面的帮助，而个别驾驶员不但不帮忙，看到别人为难的样子，反而讥笑，挖苦他人技术水平低。驾驶员在行车中，还会与路上的行人、车辆发生矛盾，有时为了抢时间先行一步而发生磨擦，于是双方互相责怪、埋怨，甚至谩骂、停车不前，以致造成整个交通干道拥挤堵塞。类似以上情况，在我们的运输生产过程中时有发生，如果每个驾驶员能从大局出发，用团结协作的道德规范来调节自己的行为，这些矛盾就很容易化解。因此，无论从宏观还是微观的范围看，驾驶员必须发扬团结协作的精神，体谅各方面的困难，助人为乐，主动为他人提供各种方便，以获得各方的支持、协作，这是汽车运输生产特点的客观要求。

3. 团结协作的具体要求

(1)正确处理与货主、旅客的关系。随着社会经济的发展，人们的物质文化水平较前有很大的提高，经商、旅游、因公出差、探亲访友等外出的人越来越多，摆在汽车运输职工面前的任务越来越大。如何处理好与货主、旅客的关系，为旅客、货主提供安全、及时、方便、经济、迅速、舒适的优质服务，使旅客、货主满意，这是每一个汽车驾驶员的职责和义务。驾驶员必须树立旅客第一、货主至上的思想。特别是要有高度的安全责任感，遵章守纪，确保行车安全。在营运中想尽一切办法给旅客提供方便，关心他们的一行一动，使旅客走得了，走得好。如驾驶员看到有急奔而来的乘客要等一等，这对驾驶员来说是举手之劳，而对乘客来说是莫大的安慰和快乐。运载货物行驶在不平的路面上，开的慢点或停车检查一下货物有无丢失或损伤，从而使货主有安全之感。

在旅客运输中，驾驶员与旅客之间相互理解和支持，会有助于解决一些细小的矛盾，有利于运输安全、正点，同时有助于解决旅客的一些具体困难，增加旅客旅途中的愉快。如果双方互不体谅，采取不协作的态度，为一点小事就争吵不息，甚至发生冲突，不仅会影响正常的运输秩序，危及行车安全，而且给旅客也添了几分烦恼和不愉快。例如，有一个驾驶员在行车中，由于起步不平稳，使旅客有不舒适之感，当旅客提出意见时，驾驶员不但不接受，反而和旅客争吵起来，于是驾驶员就开车撒毛，把烦恼迁怒于驾驶操作中去，急加速、急转弯、急制动，不平坦的道路上高速颠簸行驶，试想有哪个旅客愿意乘这个驾驶员的车呢(图 2-72)？因此，这就要求驾驶员要严于律己，宽以待人，理解旅客出门“难”的心情，处处从旅客一方着想。要热情、周到，对个别乘客的不良行为也要耐心劝说，旅途中尽可能为乘客提供方便。例如：遇到车站路边有积水时，驾驶员应绕过积水，或停在其它合适的地方，使乘客上下车不致于踩水；驾驶末班车时，每次停站都要前后看一看、等一等赶来的乘客。在行车中，起步、转弯、停车要尽量做到平稳舒适，力争安全准时。这些看起来都是些微不足道的小事，可是旅客会从内心感激，在行为上主动配合，即使出现误班、误点等过失情况也会谅解。

图 2-72

在货运中，汽车驾驶员与货主及货主单位同样要有一个相互协作的关系。汽车驾驶员担负运送货物的任务，如何将货物安全、及时的送往目的地，使货主满意是货车驾驶员的职责。这就要求驾驶员和货主团结协作，互相理解和支持才能完成任务。首先驾驶员要主动热情，尊客爱货，树立高度的责任感。在装运货物的整个运输过程中数量准确、质量完好。在装卸过程中，要严格执行车辆装载的规定，配合或指导装卸工人将所装货物堆码整齐，捆扎牢固，对有特殊要求的贵重、精密、易碎物品，要按操作规程和货物上的说明来装载；装载仪器或易受污染的货物时，要事先清扫车厢，下垫上盖，采取预防措施；对易飞扬的货物，要盖好毡布，防止货差和污染环境。在运输途中，要经常检查捆扎是否完好，遮盖是否严密，货物有无位移、渗漏等现象，以保护货主的利益。有时货主不懂装载或行车规定，向驾驶员提出不合理的要求，驾驶员要耐心说服。如果由于特殊原因影响运输、耽误时间或者发生货损货差，驾驶员也要耐心解释，承担责任，妥善解决。如果由于双方发生矛盾，影响行车安全，中断运输，就会使货主蒙受损失。因此，正确处理与货主、旅客的关系是团结协作这一道德规范的具体要求。

(2)正确处理汽车运输行业内部各工种之间的关系。社会化大生产的发展，现代化建设事业的进步，比过去任何时候都需要人们具有全局意识和团结协作的精神，国家是这样，地方、行业也是这样。行业内部各工种之间相互联系、相互协作、相互制约的必要性和紧迫性显得格外重要。正如控制论的创始人罗伯特·维纳所说："由个人完成重大发明的爱迪生时代，一去不复返了。"控制论和系统论有一个基本原理讲的是 100 - 1 = 0，这是说，在一个组织或企业中，只要有一个人、一个环节出了问题或故障，整个生产经营活动都将受到严重影响，甚至前功尽弃。在汽车运输行业内部包括：汽车站、运输车队、修理厂及机关调运、统计、会计、质量安全等部门，不管在哪个部位出现问题，都无法正常运行。汽车修理工不精心修车，就会造成行车不安全的隐患或造成事故。同样，汽车驾驶员在货物运输中，由于造成交通事故，工人辛辛苦苦生产的产品和其它运输职工的劳动成果将毁于一旦。因此，正确处理好汽车运输行业内部各部门、各工种之间的关系，建立一种团结友爱、平等、互相协作的社会主义新型关系，是顺利完成运输任务的基本条件。驾驶员必须树立全局意识，发扬团结协作精神，认真履行自己的职责和义务。如果没有团结协作的思想，不能正确处理好与调度员、修理人员、乘务员、站务人员、装卸人员等工种之间的关系，工作当中可能出现互相不协作、相互扯皮、相互推诿、相互设障等现象，这对正常的运输生产是很不利的。因此，汽车运输内部各部门、各工种间要互相帮助、互相尊重，要时刻想到别人的困难，体谅别人的困难。驾驶员不能有老大的思想，不能认为自己出车很辛苦，行车回来，把车一停，什么也不管了，车有故障指手划脚让修理工修，这样做就会造成修理工的不满和反感，影响团结，应当主动配合修理工将故障及时修复(图 2-73)。在装卸货物时，也要体谅装卸工的难处，把车尽可能停在方便装卸的地方，且不能随便一停，或故意为难装卸工，耽误了货物装卸，影响工作效率。调度员有时会要求驾驶员推迟下班以对运输进行平衡，驾驶员就要勇于挑重担，牺牲个人利益，服从整体安排，不得以不正当理由拒绝。

图 2-73

我们要清楚地看到，在现实生产活动中，还存在着许多影响团结的因素，如自由主义、骄傲自满、小团体思想等利己主义的道德观和行帮职业习惯在现实中的反映，它是一种腐蚀剂，直接影响着运输行业内部的团结，影响到汽车驾驶员的职业道德建设。我们必须注意防止和克服影响团结的错误倾向，大兴团结协作之风。

(3)处理好本行业同工种之间的关系。在社会主义市场经济条件下，汽车运输行业内部相同工种之间存在协作关系，同时也存在竞争关系。汽车驾驶员职业也同样存在竞争和协作的关系。随着经济体制的深化改革，汽车运输企业实行个人承包或委托承包责任制，许多驾驶员成为运输经营者。有人片面的认为，经营者之间只存在激烈的竞争(所谓“同行是冤家”)，不存在团结协作，只要搞好自己的运输便是。其实不然，团结协作并不排斥竞争。团结协作是社会化大生产的客观要求。竞争是商品生产的必然产物。市场经济条件下的团结协作不是职责不清、赏罚不明的大锅饭，而是在分工明细、任务明确、奖惩分明、合理竞争机制下的团结协作，两者之间不存在“有你没我，有我没你”的对立关系。因此，竞争和协作并不矛盾，而是统一的。只有在团结协作的基础上，才能增强竞争力，才能共同发展。

无论在运输过程中还是在其它场所，尽管是单独作业，但驾驶员之间随时随地都存在着相互依赖、相互协作的关系。在行车途中，难免遇到这样或那样的困难，如因车辆出现故障或缺油料而途中抛锚，都应向对方提供维修工具或技术上的帮助(图 2-74)。车轮陷入泥坑，发生交通事故或遇其它紧急情况，都应相互提供力所能及的帮助。驾驶员行车时，由于路面情况复杂多变，在会车、超车、让车等过程中，也要相互协作密切配合；做到礼让三先，确保交通安全和维持交通秩序等等。在汽车运输行业中，少数驾驶员缺乏团结协作的意识，他们为了争取客源或货源，采取不正当的竞争手段，不但相互之间不协作，反而相互排斥，相互拆台，相互攻击，尔虞我诈，这是与社会主义市场经济相违背的。如在行车过程中，经常因谁先让谁的问题发生冲突，造成交通堵塞；有的客运驾驶员为了争到客源，不顾旅客生命安全，相互超越，严重扰乱运输市场秩序和交通秩序；有的货运驾驶员为了争到货源，在装货场上，各持一方，互不相让，因停车不到位，使装卸工无法装货。同时，也耽误其它车辆的装运，这样的事例数不胜数。如果互相协作一下，不仅方便对方，同时也方便自己，方便他人。这是市场经济的要求，也是汽车驾驶员职业道德的要求。有这样一个事例：有两个在同一条路线上搞运输经营的中巴客运驾驶员甲和乙，经常因争客源闹得不和。有一次行车途中，甲因车辆故障途中抛锚，乙看到了不但不给予帮助，反而在广大旅客面前用不动听的语言笑话、讽刺打击对方。可巧，走出不远地方乙的车辆也发生故障，此时，天色已不早了，20min 过去了但车仍没修好，车上的旅客很着急，这时驾驶员甲的车辆已修复完好从后面赶上来，看到旅客很着急的样子，甲停车主动帮助乙修车，旅客们都赞扬甲助人为乐的行为，向他投去感谢的目光。这件事使乙感到很惭愧，从此，两位驾驶员在同一路线上相互帮助，相互协作，公平竞争，都收到了良好的经济效益。由此可见，协作是竞争的前提，只有树立相互理解、相互支持、团结协作的精神，才能在竞争中互相促进，共同提高，才能共同克服困难，排除交通环境中的各种矛盾，确保运输生产的顺利进行，才能取得经济效益和社会效益，在激烈的竞争中立于不败之地。

图 2-74

第三章　汽车维修人员职业道德

汽车维修是以提供劳务的形式,使汽车维持、恢复应有的技术性能,延长其使用寿命的一项具有很强服务性的工作。汽车维修从业人员工作的好坏,直接影响着汽车维修的质量,关系到行车安全。因此,做为一个汽车维修人员,不仅要有良好的职业技能,而且要有良好的职业道德。

汽车维修从业人员要懂得什么是汽车维修职业道德;为什么要讲汽车维修职业道德;在汽车维修工作岗位上应遵循哪些职业道德原则和规范;如何履行职业责任和义务。因此,只有提高职业道德认识,增强职业道德情感,坚定职业道德意志,加强职业道德修养,积极开展职业道德评价,正确选择职业道德行为,树立良好的职业道德风貌,才能不断提高自己的职业道德水平。

第一节　汽车维修职业道德

汽车维修职业道德是从事汽车维修职业者在工作和劳动过程中应遵循的与其职业活动相适应的,依靠社会舆论、传统习惯和内心信念来维持的行为规范的总和。是一般社会道德在汽车维修职业活动中的具体体现,是调整汽车维修人员职业活动中各种道德关系的基本准则。本节主要介绍汽车维修职业道德的形成和发展、汽车维修职业道德的特点及作用以及汽车维修人员的基本职业道德规范。

一、汽车维修职业道德的历史沿革

职业作为一种社会现象,并非从来就有,它是社会分工及其发展的结果。而职业道德又是伴随着职业的出现而逐步形成的,是人们长期从事职业实践活动的产物。汽车维修职业道德与其它行业的职业道德一样,有一个形成和发展的历史过程,了解这一过程对学习汽车维修职业道德是十分必要的。

1. 汽车维修行业的产生和发展

1)汽车维修行业的产生

在工业机械领域,每当一种机械产品投入使用时,就有与此相适应的专业维修的需要,愈是复杂的机械或电子产品愈是需要这种服务。汽车作为一种高速便捷的交通工具和高科技产品,在使用过程中,由于其机件的磨损、损伤以及其它原因会使其性能下降甚至发生故障,需要进行维护、润滑、拆洗紧固、调换易损部件等,以保持或恢复良好的技术性能和工作状态。

早期的汽车维修大部分是由车主自行完成,如底盘和发动机的清洗、添加润滑油料、清洁火花塞等。这种维修作业 般属于完善性的维护。随着汽车使用年限的增长、损坏率的上升及社会汽车保有量的迅速增加,汽车维护和修理的社会需求量不断增大,于是专门从事汽车维修作业的汽车修理行业便应运而生。

2)汽车维修行业的发展

20年代初，随着引入我国汽车数量的增加，专门从事汽车维修的汽车修理行也开始在我国出现。由于解放前我国汽车主要靠进口，并且数量很少，发展缓慢，因此，早期的汽车修理行职工很少，只有业主，没有固定的工人，修理工经常背着工具流动服务，俗称“背包铜匠”。到40年代，我国的汽车维修才开始趋向专业化，有专修发动机和底盘的，有专修电器和轮胎的，也有专门修理车身或钣金加工的。但是，直到解放时，我国汽车维修业的发展仍十分缓慢，即使像上海这样汽车维修发展比较早的城市，也没有一个能够进行全能性汽车维修作业的厂家。整个维修行业零星分散，且大多数企业设备简陋，工种不全，相当部分的修理行，主要依靠手工操作，机械化程度很低，劳动强度也比较大，汽车维修业处于十分落后的状态。

解放后，伴随着汽车制造业的兴起和大规模的公路建设，我国的汽车运输业有了很大的发展，汽车维修业也得到了长足的进步。尤其是改革开放以来，随着我国汽车制造业的迅速发展，国外大量先进车型的引进和个人购车数量的增多，各种特约汽车修理厂、专业汽车修理厂迅速兴起，并且在国营、集体修理厂之外，产生了大量的个体汽车修理厂(行)，汽车维修日益呈现出专业化、多元化的发展趋势，并逐步形成了维修多种车型、车种的能力。维修工具、设备、手段日趋现代化，基本满足了社会对汽车维修作业的要求。汽车维修作为一门专门的职业，在国民经济和人们的日常生活中将发挥越来越重要的作用。如今，凡是有汽车及汽车运输的地区，大都有汽车维修厂家。可以说，汽车制造业和汽车维修业是汽车运输的两个轮子，它们共同支撑和推动着现代汽车运输生产的发展和壮大(图3-1)。

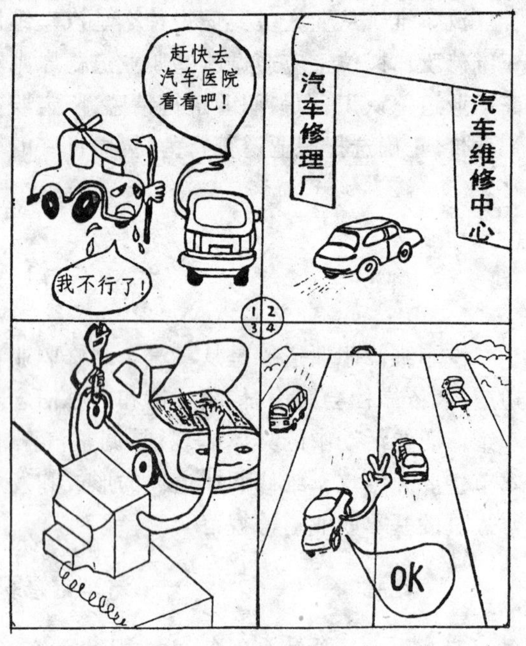

图 3-1

2. 汽车维修职业道德的形成和发展

1)形成阶段

汽车维修职业道德是随着汽车的产生、汽车维修行业的出现，并在汽车维修的职业实践中产生的。作为近代汽车问世以来迅速发展而形成的一种新职业，汽车维修人员在长期的职业活动中必然要遇到和处理各种内外关系，并由此产生了相应的规程、守则等成文或不成文的行为准则和道德规范。如解放前的汽车修理行，由于设备、资金、场地的限制，一般只拥有机工、铜工等一、二个工种，如接到比较复杂的修车业务时，一是雇佣临时工，“请进来”；一是采用外协作的形式，即“送出去”。协作项目大至车厢，小至螺丝，品种繁多，比比皆是。正是依靠广泛的行业协作，你帮我的忙，我帮你的忙，不仅求得了自身的生存，而且促进了行业的发展。再如，修车行十分讲究密切配合，不误工期，保证质量，采取随叫随到、上门服务等方便顾客的经营方式，以及刻苦钻研业务，努力使自己精通维修技术，从而维持自己的生计，具有较强的竞争力；学徒把师傅当作父母来孝敬等，这些都是汽车维修职工在特定的职业环境中所约定的职业道德规范。但是，由于解放前的旧中国是一个半封建、半殖民地社会，职业道德作为当时社会道德的一个组成部分，必然深深地打上了封建等级制的烙印。

2)发展阶段

我国汽车维修职业道德的迅速发展是在解放以后。一方面，由于社会主义制度的建立，汽车维修人员成了国家的主人,企业的主人;另一方面,汽车运输事业的发展也极大地促进了汽车维修行业的迅速发展。

解放以来,汽车维修战线上的广大从业人员,在平凡的工作岗位上,发扬工人阶级的主人翁精神,不畏艰苦,克服了种种困难,为汽车维修业的发展做出了应有的贡献。在长期的生产活动中,无数的汽车维修人员不仅继承和发扬了汽车维修行业的优良传统和作风,而且自觉地以热爱社会主义祖国、热爱本职工作、全心全意为人民服务等一系列道德规范要求自己;爱岗敬业、钻研技术,以高度的主人翁责任感保质保量地完成了各项维修工作;把社会主义职业道德为集体、为社会、为人民服务的根本要求,贯穿于自己的职业实践中,不断丰富着自己的职业道德情感和意志,并由此形成了一整套比较完整的汽车维修职业道德体系。

二、汽车维修职业道德的特点及作用

1. 汽车维修职业道德的特点

汽车维修职业道德作为社会主义职业道德的重要组成部分,除了具有一般社会道德的特点外,还具有如下特点:

(1)服务性。汽车维修是以汽车的维护和修理为其工作目的和内容。汽车维护是以预防为主,有计划地定期进行的,其目的是使车辆经常保持完好的技术状况和使用性能,延长其使用寿命。汽车修理,是为了消除汽车经过长期的使用后,由于机件的磨损和损伤,以及其它原因产生的故障,进行修理和调整,使其基本上达到规定的技术标准,恢复汽车原有的技术状况和性能,以满足汽车继续正常运行的基本要求。汽车维修的生产过程,需要运用一些技术装备,依靠系统的经营管理,消耗一定的劳动和物化劳动,向社会提供的只是劳务服务,其生产作业具有鲜明的服务性。

汽车维修服务性的特点,决定了从事汽车维修职业的人们必须树立为用户服务,满足用户需求的思想观念;必须摆正自己与服务对象之间的关系,摆正社会效益与经济效益之间的关系;牢固确立服务为本、用户至上的道德意识,自觉保证维修质量,讲求服务信誉,千方百计地维护用户的利益,以优质的服务满足用户对车辆维修的要求。

(2)协作性。汽车维修工是由电工、胎工、漆工、钳工、焊工、刨工、铣工、钣金等诸具体工种所组成的集合称呼。汽车维修作业是一个多工种的组合,其生产过程处处体现着协作精神。完成一项修理作业,各工种、车间、班组之间必须相互配合、相互支持、团结协作。特别是流水作业的修理厂,只要一个工序不能按期完成,就会影响整个部件的按期完成。协作性,既是汽车维修行业的特征,又是汽车维修职业道德的具体体现。

汽车维修职业道德的协作性,要求每一个汽车维修职工发扬团结协作的行业传统,不计个人得失,不图自我方便,自觉维护经营业户的整体利益和行业信誉,从生产的总体目标出发,在努力做好本职工作的基础上,密切配合其他工种、班组、车间,保质保量的完成车辆维修工作,遇事不推诿,不扯皮,顾全大局,各负其责,团结协作。

(3)时效性。汽车客货运输生产的组织、车辆的调配,是建立在车辆维修计划基础上的。如果车辆不能按计划完成维修任务,进厂维修的车辆不能按时出厂,就会影响运输生产的正常进行。因此,按时完成维修任务,保证为车辆用户正点及时地提供完好的车辆,反映在汽车维修职业道德上就是时效性特点。

汽车维修职业道德的时效性,要求汽车维修企业制定科学合理的维修作业计划,选择合适的劳动组织形式,尽量缩短在场车日,保证不误工期,确保在限定时间内保质保量的完成维修任务。汽车维修职业道德的时效性，既是交通运输职业道德特点的反映，也是衡量汽车维修企业职工工作态度与企业信誉的重要标志。

(4)安全性。汽车维修质量的好坏，直接关系到行车安全，关系到国家财产和人民生命财产的安全。在汽车维修中，大至各类总成，小至一个螺栓、螺母，无不与汽车的安全行驶密切相关，只有确保维修质量，才能保证车辆的安全行驶。牢固树立质量意识、安全意识就成为汽车维修职业道德的鲜明特点。

汽车维修职业道德安全性的特点，要求汽车维修从业人员在车辆维修工作中必须严细认真，一丝不苟，精工细修，为车辆用户提供安全可靠、优质高效的维修服务。

(5)规范性。汽车维修是一项技术要求很高的工作。在汽车维修工作中，为了保证汽车维修的质量和行车安全，国家有关部门和汽车维修行业陆续颁布了一系列有关汽车综合性能和总成部件的技术规范和修理工艺等方面的标准和法规性文件。这些技术标准、工艺标准和法规性文件在汽车维修职业道德中就表现为鲜明的规范性的特点。

任何一个汽车维修企业，从车辆进厂检查、维修到竣工检验，都离不开标准、规范。在汽车维修过程中，不仅有技术标准、管理标准、工作标准，而且各种标准种类很多，仅技术标准就包括各种基础标准、原材料标准、零部件标准、工艺标准、设备标准、能源标准、计量标准等，这些标准和规范是对汽车维修生产实践的科学总结，是企业从事生产活动的基本依据。汽车维修的过程，实际上就是标准化、规范化活动的过程。汽车维修工作质量的好坏，在很大程度上取决于标准化、规范化工作水平的高低。严格遵守汽车维修各项标准和规范，并以此指导自己的行动，是对汽车维修从业人员的基本要求，也是衡量汽车维修从业人员职业道德水平高低的重要依据。

2. 汽车维修职业道德的作用

中共中央《关于社会主义精神文明建设指导方针的决议》明确要求："要加强那些直接为广大群众日常服务的部门的职业道德建设，反对和纠正带有行业特点的不正之风"。汽车维修行业作为精神文明建设的窗口单位，直接面向广大汽车用户，面向社会。汽车维修从业人员职业道德的优劣，行业风气的好坏，对整个社会道德风气有着极其重要的影响(图 3-2)。

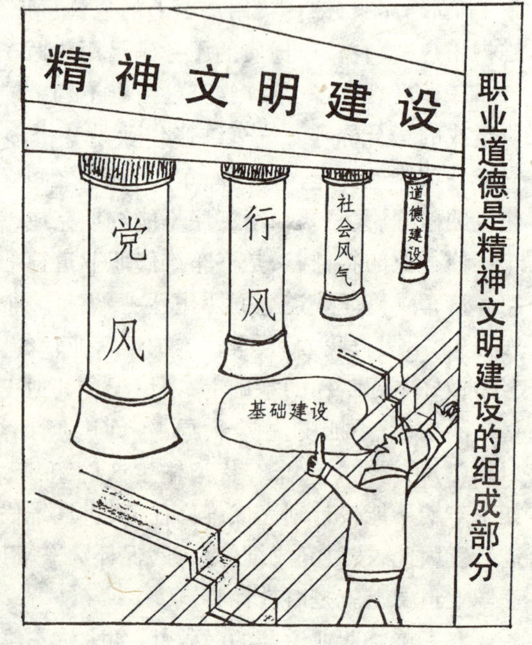

图 3-2

(1)有利于促进汽车维修事业的发展。汽车维修作为汽车运输保障体系中重要的一个环节，在国民经济和社会发展中处于重要的地位。改革开放以来，随着社会主义市场经济的建立和发展，随着人们对社会主义本质认识的不断深化，人们的价值观念和思想观念发生了很大的变化。如果缺少了职业道德的保障和调节作用，国家政策就难以保证正确执行，市场经济也就很难健康有序地发展。

加强职业道德教育是促进社会各行各业健康发展的重要保障。在汽车维修领域，通过汽车维修职业道德教育，不仅可以引导汽车维修职工正确看待自己的职业，树立爱岗敬业的主人翁责任感,养成良好的职业感情和荣誉心,而且可以促使从业人员改善服务态度,提高服务质量和工作效率,从而保证汽车维修事业的健康发展。

(2)有利于调节汽车维修从业人员的职业行为,维护正常的职业生活秩序。汽车维修职业道德,是指导汽车维修从业人员正确认识自己所从事的职业对国家、社会应负的责任和应尽义务的准则,是汽车维修从业人员提高职业认识、培养职业感情、锻炼职业意志、确立职业理想、养成良好职业习惯必不可少的前提条件。它不仅能使汽车维修从业人员正确认识自己道德生活的规律和原则,而且能规范和约束自己的职业行为,指导汽车维修人员应该怎样做,不应该怎样做,从而调节汽车维修从业人员的行为,维护正常的职业生活秩序。

汽车维修职业道德对汽车维修职工的道德行为不仅有原则性的规定,而且也有具体的规范。这些具体规范往往与企业的规章制度、条例、守则等结合在一起,并以职工纪律的形式加以明文规定。因此,严重违反职业道德的行为不仅要受到社会舆论的遣责,有时甚至要受到纪律处分,甚至法律的制裁。

(3)有利于调节行业内外的关系。从行业与社会的关系来看,社会上任何一种职业,任何一个行业都不是孤立的,它必然与其它职业、行业存在着不可分割的联系,只有将这些相互联系、相互制约的各种职业、行业联接成一个有机的整体,才能使整个社会健康、协调的发展。因此,社会主义职业道德在处理职业与职业、行业与行业间相互关系时,是以集体主义作为基本准则,以集体利益和国家利益作为职业活动的基础。这就要求我们每一个汽车维修从业人员,在职业活动中,必须时刻把国家和人民利益放在首位,牢固树立顾全大局,团结协作的精神,当好汽车运输业的配角,保障车辆的安全运行。

在汽车维修行业有许多工种,这些工种或分成若干个组,或分成早、中、夜班进行作业。显然,工种与工种、组与组、班与班之间的各种联系就更为广泛和密切了。一旦上述联系出现脱节,产生矛盾,就需要对其进行调节。与规章制度的调节相比,职业道德是一种更灵活、更有效的调节体系,是规章制度必不可少的补充。因此,汽车维修职业道德,可以有效地调节汽车维修过程中的各种关系,并保障汽车维修职业活动的正常进行。

(4)有利于汽车维修行业良好风气的形成。我国汽车运输在保障工农业生产、保障人们正常的工作和生活秩序等方面,发挥着极其重要的作用,这与广大汽车维修从业人员的辛勤劳动是分不开的。为了保证车辆的正常运行,广大汽车维修从业人员忠于职守,坚守岗位,保质保量地完成了各类车辆的维修任务。在他们中间涌现出了许多具有高尚道德品质的模范人物,受到人民的称赞和爱戴。但是也应看到,在我们汽车维修从业人员中,也确实存在着一些不讲道德的行业不正之风。如一些汽车维修从业人员缺乏全心全意为客户服务的思想,以业谋私,吃拿卡要,甚至刁难勒索驾驶员;个别人员甚至利用职务之便,从事不正当的经营活动,如采用请客、送礼、给回扣等办法,引诱、拉拢一些贪图小利的驾驶员或汽车管理人员,并从中抬高工价或降低维修质量,中饱个人和小团体的私囊。这些行业不正之风的存在,除了其他原因外,一个重要的因素就是放松了汽车维修职业道德的教育。

在市场经济条件下,如果管理不善,各种不正当的竞争手段,各种损人利己、损公肥私的行为就有可能变得更为严重。党中央在《关于建立社会主义市场经济体制若干问题的决定》中明确指出:"积极倡导在社会主义市场经济条件下坚持正确的人生观和文明健康的生活方式,加强社会公德和职业道德的建设,反对拜金主义、极端个人主义和腐朽的生活方式。"因此,纠正行业不正之风,改善和提高汽车维修行业形象,使汽车维修从业人员明确职业责任,遵守职业纪律,培养和形成良好的职业行为习惯,从而形成良好的行业风气。

(5)有利于全社会道德素质的提高。职业生活是人类社会生活最主要的领域,职业关系遍布社会各个侧面和角落,职业道德就是通过这些广泛的职业关系对整个社会生活产生深刻的影响。

把职业道德规范逐步转化为汽车维修从业人员的职业行为和习惯,这无疑会不断提高汽车维修行业的道德水准,同时也有利于社会道德水平的提高。首先,整个社会是由各行各业汇合而成的统一整体,如果各行各业都注重道德建设,遵循各自的职业道德,那么随着行业道德素质的提高,从业人员抵御各种不良思想和行为的腐蚀、抵制以权(职)谋私等不正之风的能力就会大大增强,就会形成"人人为我,我为人人"的良好社会风气。其次,各行各业的道德风尚可以相互影响,相互作用。汽车维修行业作为维修服务业的一个组成部分,与整个社会具有十分广泛的联系。汽车维修从业人员每天要和社会上的各种人打交道,如果他们都能自觉履行职业责任,遵守职业道德,通过这个"窗口"就会影响和带动许多人提高道德水平。反之,就会对整个社会道德风尚带来不利的影响。

三、汽车维修职业道德的基本原则和主要道德规范

1. 汽车维修职业道德的基本原则

汽车维修职业道德的基本原则,是对汽车维修职业道德体系的总体概括和对从事汽车维修职业的人们提出的基本道德要求。它反映了汽车维修职业活动的基本方向。正确认识和理解汽车维修职业道德的基本原则,并把它贯穿于职业活动的始终,是每一个汽车维修人员义不容辞的职责和义务。

汽车维修职业道德的基本原则,概括起来说,主要有以下 3 个方面:

(1)热爱和忠实于汽车维修职业。这是汽车维修职业道德意识的综合反映。所谓道德意识包括道德认识、道德情感、道德理想、道德意志和道德观念。其中道德认识是基础。只有对自己从事的职业有充分的认识,才可能对自己的职业产生热爱的道德情感,才可能迸发出忠实于自己职业的诚挚的道德理想,以及把毕生的精力献身于汽车维修职业的坚定的道德意志和信念。如果汽车维修从业人员能充分认识自己所从事职业的社会价值,真正感受到该职业值得珍重和爱护,他就会自觉地选择有利于维护汽车维修职业尊严的行为。汽车维修人员能否在职业实践中认真履行职业责任和义务,与他对自己所从事的职业是否有深刻的认识有十分密切的关系。

热爱和忠实于社会主义汽车维修职业作为社会主义汽车维修职业道德的基本原则,是社会主义道德在汽车维修职业活动中的具体体现。在社会主义国家,任何一个职业,都是社会主义事业不可缺少的组成部分,社会主义现代化建设需要各行各业千百万人的共同努力。如果每一个行业的从业者都能热爱和忠实于自己所从事的职业,认真履行本职业的责任和义务,社会主义建设的目标就一定会实现。相反,如果每个行业的从业者都是从个人或小团体的利益出发,各吹各的号,各唱各的调,任何工作也不会做好。

(2)坚持为人民服务的根本宗旨。为人民服务,对社会负责,是社会主义职业道德的基本要求。把全心全意为人民服务的根本宗旨作为汽车维修职业道德的基本原则,指明了汽车维修职业活动的总方向。汽车维修行业的一切工作,都必须围绕这一根本方向进行。每一个汽车维修从业人员都应当把这一原则贯彻到职业活动中,并用以指导自己的职业实践。汽车维修从业人员只有在全心全意为人民服务的过程中,才能受到社会的尊敬,才能实现人生的价值。在任何时候处理任何问题时,都应当把用户的利益放在首位,而把个人的利益溶化于为用

户服务这个大前提之下。这才是社会主义汽车维修职业道德的根本要求。

(3)自觉做到安全优质,文明高效。这是汽车维修职业道德的基本原则,也是汽车维修职业道德评价的基本标准,以及汽车维修职业社会责任的内在要求和外在表现。汽车维修最基本的社会职责就是以合适的价格、上乘的服务、按要求的修理期限,使各种车辆得到及时的维护和修理,保证车辆的技术性能得到充分的发挥,确保交通的安全畅通。如果收费不合理,服务质量差,车辆得不到及时的维修,修理质量没有保证,就会对社会生产和人民生活带来不利的影响,甚至阻碍汽车运输事业的发展。

我国的交通行业是现代化建设的先行官,是国民经济发展的战略重点。要当好汽车交通运输这个“先行官”的角色,就要求汽车维修人员必须把安全、优质、文明、高效作为职业行为的准则。如果汽车维修从业人员能为社会提供安全、优质、文明、高效的服务,汽车维修职业的社会信誉就高,从业人员就会产生强烈的职业荣誉感,职业对从业人员的吸引力就大,由此带来的经济效益和社会效益也就好。安全、优质、文明、高效作为汽车维修职业道德规范的基本原则,比较集中地反映了整个社会对汽车维修职业内部各种活动的根本要求。

2. 汽车维修职业的特点及客观要求

汽车维修是为汽车用户提供车辆维修服务。它的基本职责是:通过汽车维修从业人员提供的劳动服务,使各种车辆得到及时的维护和修理,维持或恢复车辆的技术性能,保证运输车辆经常处于良好的技术状况,延长汽车的使用寿命,确保行车安全。这种特殊的职业使命和责任,就向汽车维修从业人员提出了以下一些特殊要求:

(1)汽车维修职业最明显的特征就是以其技术上的可靠性,恢复汽车的使用性能,使汽车能正常运行。这就决定了从事汽车维修工作的人员必须牢固树立服务的思想,热爱本职工作,努力钻研技术,爱岗敬业、忠于职守、尽职尽责,以精湛的技术、熟练的业务、优良的服务满足汽车用户对车辆维修的需要。

(2)汽车维修人员为社会提供的不是实物形态的产品,而是维修劳动服务。对车主来说,只要交付了足够的维修费用,就要求获得一个满意的服务。因此,精工细修、正点及时、安全可靠、优质高效地向用户提供经过维修后的车辆,就成为每一个汽车维修从业人员的基本职业责任。这就要求汽车维修人员必须牢固树立质量意识、安全意识,以优取胜,以质取胜。

(3)汽车维修既有连续性的维修作业,也有临时性的小型修理,维修企业内部各层次、各环节、各工种之间存在着十分密切的关系,有一个相互衔接和配合的关系问题。同时,汽车维修作为汽车运输生产整体的一个分支,它与整个汽车运输生产又有着纵横交错的联系,与整个社会有着千丝万缕的关系。这一特点,就向广大从业人员提出了服从大局、团结协作的要求。

(4)汽车维修工作是一项技术性强、安全要求高的工作,加之汽车修理工都掌握着一定的修理技术,有于人于己的“方便”之处。这一特点客观上又向从业人员提出了遵章守纪、规范操作、廉洁自律、克己奉公、不谋私利、维护国家和集体利益的基本要求。

(5)汽车运输成本开支伸缩性最大的项目是油料费支出和修理费支出。这些虽然与驾驶员有关,但更重要的是与维修工的工作质量有关。这就要求汽车维修从业人员必须价格公道,精打细算,点滴节约,爱护器材,加强维修成本核算,降低费用开支和材料消耗,赢得良好的信誉和经济效益。

3. 汽车维修职业道德的基本规范

汽车维修从业人员在职业活动中,不仅要遵循社会公德和汽车维修职业道德的基本原则，而且还要遵守具体的行为标准和规则。这些具体的行为标准和规则就是职业道德规范。

所谓规范，是在职业道德原则指导下形成的，调整职业活动中人们的利益关系，判断职业行为善恶的具体标准、准则。社会生活中有各种各样的规范，如政治规范、经济规范、法律规范、技术规范等。道德规范是社会规范的一种，它是调整人们之间关系，判断人们行为善恶的准绳。不同的职业有着适应各自职业生活不同的道德规范。汽车维修职业道德规范就是从事汽车维修职业的广大从业人员在职业活动中应当遵循的基本行为标准和准则，它是汽车维修职业道德基本原则的具体化和现实化，是汽车维修职业特点及其要求的道德反映。同时也是广大群众判断汽车维修从业人员职业行为、职业活动优劣的基本评价标准。

根据汽车维修职业道德的基本原则和汽车维修职业特点的客观要求，汽车维修从业人员在职业活动中应遵循以下道德规范：

(1)爱岗敬业，钻研技术；

(2)精工细修，优质高效；

(3)遵章守纪，规范操作；

(4)顾全大局，团结协作；

(5)勤俭节约，爱护器材。

将上述道德规范列为汽车维修人员的主要职业道德规范，是由于它们在汽车维修职业活动中的地位所决定的，是社会主义道德原则在汽车维修职业活动中的客观要求和具体反映。汽车维修职业道德的基本规范，对从事汽车维修职业的全体从业人员具有普遍的指导意义，并将成为评价汽车维修行业从业人员职业行为、职业活动优劣的基本标准。例如，评价一个汽车维修从业人员对职业是否有高度的责任感，首先要看他是否热爱本职工作，是否尽职尽责，忠于职守；要看他在职业活动中是否有较强的主人翁意识；是否自觉遵守企业各项规章制度，严格执行技术规范和操作规程，坚持文明生产；是否全心全意为用户服务，处处为用户着想；是否热爱企业，能否做到团结协作、顾全大局、勤俭节约、刻苦钻研技术等等。只有把这些基本规范的要求自觉地变成职业生活的具体行为，才能成为一名合格的汽车维修人员，才能适应社会主义市场经济的要求。

4. 对道德规范的认识和运用

汽车维修职业道德规范是从事汽车维修职业的人们在长期的职业实践过程中形成的，它来自实践，反过来又指导实践，为实践服务。

道德规范源于实践又高于实践。在汽车维修业形成的过程中，在其自身发展的需求中，在社会舆论的推动下，逐步形成了汽车维修职业的道德观念、道德习俗、道德情操等。在我国，社会主义的汽车维修职业道德经历了近50年的发展历史，在这近50年的发展过程中，汽车维修职业道德建设在实践中通过不断的概括、总结，逐步上升为比较系统的理论，从而形成了汽车维修职业道德的规范体系。但是汽车维修职业道德规范并不是原有道德风俗、习惯行为的再现，而是源于实践，又高于实践，它不但具有群众性、实践性、先进性等特点，而且是社会主义职业道德规范的组成部分。所以，对汽车维修从业人员来说，要做到自觉遵守道德规范和达到规范的要求，决不是一朝一夕之功，必须经过艰苦的努力和自觉的磨炼。

道德规范源于实践又服务于实践。汽车维修职业道德规范在实践中产生，归根到底要为实践服务。一是指导实践。作为一名汽车维修从业人员不仅要懂得什么是汽车维修职业道德；为什么要讲汽车维修职业道德；在汽车维修岗位上工作，应遵循哪些职业道德规范；职业道德规范之所以要这样规定的客观依据是什么;汽车维修工应遵循哪些职业道德原则和规范,应具备怎样的职业道德品质等基本知识,而且要按照职业道德规范的内容,自觉要求,自我约束,在职业活动中经常检查自己的思想和言行,积小善以成大德,不断"净化"自己的心灵,追求完美的道德境界。只有掌握了汽车维修职业道德的原则和规范,才能在实际工作中自觉判断和评价什么是正直的道德行为,什么是卑劣的不道德行为;才能分清怎样做是维护了企业与用户的利益,怎样做是损害了企业和用户的利益,进而分清职业活动中的是与非、善与恶,不断提高自己的职业道德水平。汽车维修从业人员只有把职业道德原则和规范变成自己的内心信念,才能具有强烈的职业责任感和使命感,才能自觉地在职业活动中反省自己的行为动机,检点自己的行为效果,坚持正确的行为,改正错误的行为,从而自觉履行自己应尽的职业道德义务和责任,形成良好的职业道德行为规范。二是在实践中发展。职业道德规范源于实践,服务于实践,并且在实践中不断发展、丰富和完善。随着社会主义市场经济的不断发展和完善,随着人类社会的不断进步,职业道德也必将有所发展,有所进步,这就要求我们在投身于社会主义现代化建设的伟大实践中,进一步加强职业道德建设,开展职业道德教育和道德评价,注重道德修养,不断增添新的内容,不断丰富其内涵,在实践中使汽车维修职业道德得到进一步发展和完善。

第二节　爱岗敬业　钻研技术

爱岗敬业、钻研技术是社会主义职业道德最基本的要求,也是汽车维修人员职业道德建设的重要内容。

一、爱岗敬业、钻研技术的含义

在社会生活中,每一个人都有自己的工作岗位。一个人要想干一番事业,必须在具体的岗位上,从具体的事情做起。人们无论从事什么职业,无论做什么事情,只有热爱它,钻研它,对它怀有深厚的感情和全身心的投入,才能把它做好。如果对自己的本职工作不热爱,对自己从事的工作不专一,对自己的职业技能不钻研,三心二意、朝秦暮楚、敷衍了事,是绝对做不好任何工作的。所以爱岗敬业、钻研技术是做好工作的前提,是成就事业的基础,是走向健康人生的保证。

1. 爱岗敬业的含义

爱岗敬业是一种职业情感,是对自己所从事职业的内心感受,它反映了一个人对待职业的态度。爱岗敬业这一道德规范要求汽车维修人员热爱自己所从事的职业,以恭敬、虔诚的态度对待自己的工作,自觉承担对社会、对他人的责任和义务,忠于职守,兢兢业业,以高度的责任感和使命感,为汽车用户提供良好的维修服务。

爱岗敬业是职业道德的基本精神。用通俗的话说就是"干一行,爱一行"。汽车维修从业人员爱岗敬业,干好本职工作是自己理应履行的道德义务。一般说来,爱岗敬业精神的基础是对劳动者的社会价值和自我价值的确认。我们的各行各业都是为人民服务的,作为汽车维修从业人员来说也都是人民的一员,即人民之间通过相互服务来谋求共同的幸福。职业分工的根本意义,在于人民有组织地干自己的事业。提倡爱岗敬业主要基于以下4点:

(1)社会主义的爱岗敬业精神,是建立在对人民群众主人翁地位的认同和为人民服务的原则之上的。是为了更好地为人民、为社会服务。

(2)热爱本职工作,敬重岗位职责,是对自己生命的珍视,对自己生活方式的认同,是实现人生价值的重要途径。

(3)凡是正当的职业和岗位都是可敬的,每种行业和职业都是社会生活的有机组成部分,每个人所做的工作都具有一定的社会意义,都是为人民谋福利。

(4)在平凡的职业劳动中做出不平凡的业绩。爱岗敬业是职业劳动者"当家作主意识和为人民服务意识"的真实体现,是社会主义职业道德的精髓。每个劳动者在职业活动中能否忠于职守,是衡量一个人职业道德水平高低的重要依据。

2. 钻研技术的含义

社会主义职业道德不仅要求人们爱岗敬业,干一行爱一行,热爱本职工作,而且要求人们精通本职业务,干一行专一行。只有具备高超的职业技术,才能出色完成职业责任,更好地为社会服务。如果职业技能太差,就不能完成肩负的职业责任,甚至给国家、社会造成损失。从这个意义上说,钻研技术、精通业务,不断提高职业技能,便具有了深刻的道德意义。技能胜职便是德,技不胜职是无德(图 3-3)。

图 3-3

钻研技术,是指认真学习和掌握从事职业活动所必需的业务知识和专业技能。在职业岗位上,要勤于钻研,勇于探索,具有良好的业务素质。这一职业道德规范要求汽车维修人员必须认真学习从事本职工作的知识和技能,熟悉自己的业务范围和职业责任,努力掌握过硬的职业技能,以精湛的技术、优良的服务,为汽车用户提供优质的车辆,保证汽车运输的顺利进行。为此,汽车维修人员一要热爱修理事业,二要努力钻研修理技术。

随着汽车技术的迅速发展,世界先进的车辆和制造技术不断引入我国,作为一个汽车维修工来说,不吸取新的知识,不刻苦钻研技术,是很难履行好职业责任的。这就需要我们每一个从业人员加强学习,刻苦钻研,尽快用新的科学技术武装自己,使自己成为精通本行业知识、技能的优秀人才,为提高汽车维修质量,为加快四化建设多做贡献。

每个职业劳动者只有具备了一定的科学文化知识和专业技能,才能更好地履行自己的职业道德责任,才能在社会上有立足之地。但是,长期以来,许多人对此却缺乏足够的认识,有些人认为,只要热爱本职工作,积极肯干、服务热情,就是具有较高的职业道德水平了,似乎提高职业技能与职业道德水平之间没有太大的关系。这种认识表面上看似乎有些道理,其实则不然。一个人职业道德水平的高低与一个人的职业技能有着十分密切的关系。虽然我们不能简单地说一个人的职业技能高,他的职业道德水平就一定高,但是,如果一个人缺乏胜任本职工作所必须的知识和技能,是绝然不能说他有较高职业道德水平的。一个驾驶员、一个修理工,如果不能熟练掌握过硬的驾驶技能和修理技术,就很难保证车辆的安全畅通,稍有不慎,就有可能发生行车和修理事故,甚至车毁人亡,给国家、企业和人民生命财产造成不应有的损失。由此可见,崇高的职业道德,不仅表现为履行职业责任的满腔热情,而且表现为完成职业责任所必须的精湛的技术、熟练的业务和过硬的技术本领。

二、爱岗敬业、钻研技术的重要性

爱岗敬业、钻研技术既是一种职业态度，又是一种职业精神和职业品格。这一职业道德对汽车维修行业有十分重要的意义。

1. 爱岗敬业、钻研技术是全面履行汽车维修职业责任与义务的必要条件和保证

在现实生活中，我们常常可以看到这样的现象，人们到医院看病，都喜欢找那些态度和蔼、医术高明的医生；送孩子上学，总希望孩子分到那些经验丰富、教学水平高的教师执教的班上；企业招工，也愿意录用那些既遵守纪律又有一技之长的人。这表明，在当代社会做一名合格的有用人才，既要有爱岗敬业、热心为群众服务的思想，又要掌握一定的业务知识和工作能力，才会受到广大群众的信任和欢迎。

汽车维修职业的基本任务是保证客货运输车辆良好的技术状况和使用性能，为汽车运输企业和车主提供安全、优质、可靠的车辆，保证汽车运输的顺利进行。为此，汽车维修从业人员在加强职业道德觉悟培养的同时，必须牢固树立挚爱修理事业的思想，努力钻研和掌握修理专业技术，只有树立爱岗敬业的思想，把对职业的情感和挚爱变成强烈的责任感和使命感，才能使自己更好地学习和钻研本职工作所需的技能，并把所学的知识自觉地服务于人民，服务于社会。人们有了爱岗敬业的思想和精湛的职业技能，就能促进职业道德觉悟的提高。

2. 爱岗敬业、钻研技术是社会主义现代化建设的需要

一个国家和民族的发展状况，不仅取决于经济发展的水平，而且取决于人民的基本素质；一个国家的腾飞，不仅表现在经济发展水平上，更表现在人民的素质上。现代企业的竞争，最重要的是技术和人才的竞争，是产业大军素质的竞争。在知识经济日益被人们重视的今天，对劳动者的思想素质和文化素质提出了越来越高的要求。《中共中央关于教育体制改革的决定》明确指出："社会主义现代化建设不但需要高级科学技术专家，而且迫切需要千百万受过良好职业技术教育的中、高级技术人员、管理人员、技工和其它受过良好职业培训的城乡劳动者。没有这样一支城乡劳动大军，先进的科学技术和先进的设备就不能成为现实的生产力。"党的"十五大"从21世纪社会主义建设事业全局的高度进一步指出："培养同现代化要求相适应的数以亿计高素质的劳动者和数以千万计的专门人才，发挥我国巨大人力资源的优势，关系21世纪社会主义事业的全局。"要"使经济建设真正转移到依靠科技进步和提高劳动者素质的轨道上来。"劳动者只有具备了较高的科学文化水平、丰富的生产经验、先进的劳动技能，才能在现代化建设中发挥更大的作用。

21世纪是一个科技腾飞的时代，社会的变化将越来越快，知识的快速更新及科技的突飞猛进，都要求人的素质全面提高。汽车维修人员作为现代汽车的保护人，是保证汽车运输车辆具有良好的技术状况，提供汽车运行安全的重要技术力量。维修人员的技术水平和劳动态度在很大程度上影响着运输车辆的完好率，进而影响整个汽车运输的质量和效益。因此，努力掌握汽车维修所必须的文化知识和专业技能，勤学苦练，刻苦钻研，精通业务，不仅是工作的需要，时代的要求，而且是社会主义现代化建设的需要(图3-4)。

3. 爱岗敬业、钻研技术是成就事业的基础和保证

人要想立足社会，成就事业，必须树立远大的理想和积极的人生态度。爱岗敬业、钻研技术是把人生理想转变成人生实践的桥梁。一个人不管他为自己描绘了多么美好的蓝图，如果没有对本职工作的热爱，没有具备本职工作所必需的职业技能，最终将一事无成。只有对职业有真挚的感情和精湛的技艺，才能成为本职业和岗位上的行家里手。

汽车维修是一项非常复杂的工作。一辆汽车有上万个零件,哪个部位出了故障都会影响汽车的正常运行。汽车修理工能通过仪器检测,辅以听、看、试、摸、嗅等方法准确无误地找到故障,排除故障,没有过硬的技术本领是很难做到的。近年来,由于汽车工业的激烈竞争,汽车更新换代的速度越来越快。一辆新型车的投产,一般集中了当时全国乃至世界科技领域的先进水平,采用了最新的科技成果,反映了综合的科技实力。汽车的品种不断增加,性能日益提高,涉及到的科学文化知识和生产技术知识越来越多。由于车型复杂、性能各异,给汽车维修带来了一定的难度。加之目前汽车检测技术和修理设备也越来越先进,已逐渐步入电脑管理和机器人时代。各种汽车技术指标相继出台,内容细,要求高。作为一个汽车修理工,不吸取新的知识,不刻苦钻研技术,是很难履行好自己的职业责任的。这就要求我们对维修工作不仅要有深厚的职业情感、崇高的职业理想和满腔的热情,还必须努力学习、刻苦钻研,不断丰富和更新自己的知识。只有这样,才能不断适应汽车维修业发展的需要,成为本职业岗位上的能手。

图 3-4

4. 爱岗敬业、钻研技术是改善和提高服务质量与工作效率的关键

服务质量与工作效率的高低,是衡量一个人职业道德水平的重要标准。一个人服务质量的好坏、工作效率的高低,不仅反映出其职业道德水平的高低,也直接反映出其工作态度和职业技能水平的高低。

汽车维修的质量与工作效率尽管与企业的管理水平和修理工的劳动态度有关,但与修理工的职业情感和业务水平亦有直接的关系。现代企业的发展表明,在技术装备相同的情况下,劳动者的职业情感和文化程度和技术熟练程度越高,劳动生产率也越高。甚至在装备较差的情况下,由于劳动者有较高的技术水平和工作责任心,也可创造出较高的劳动生产率。具有较高科学技术水平的工人,不仅可以迅速掌握现有的生产技术手段,发挥出更大的工作效率,而且可以在技术改造的过程中,发挥出更大的积极性和创造性。只有牢固树立主人翁的责任感,努力学习,刻苦钻研,逐步提高业务水平和工作能力,才能不断改善和提高服务质量和工作效率,为企业赢得良好的声誉和效益。

三、爱岗敬业、钻研技术的具体要求

爱岗敬业是职业道德的基本要求,是弘扬社会主义职业道德的中心任务。只有爱岗敬业,人们才能忠于职守,乐于奉献。我国素有“安居乐业”、“敬业乐群”之说。我国古时候老中医在弟子满师时总要赠送两件礼物——一把雨伞和一盏灯笼,意在教育弟子为患者服务要风雨无阻,不分昼夜。如果说古代社会的人们都能讲求爱岗敬业的话,那么今天我们坚持爱岗敬业的职业道德更是理所当然。

爱岗敬业不仅要有对本职岗位的真心热爱,而且应将这种热爱之情转变为勤业精业的实际行动,成为全面发展的劳动者。

1. 热爱本职工作,献身汽车维修事业

立足本职,爱岗敬业,献身汽车维修事业,这种感情的萌发和成熟要建立在对汽车维修业在国民经济和社会发展中的地位、作用和发展前景的正确认识上。只有对自己所从事的职业有充分的认识和了解,明确自己的使命和义务,树立正确的职业观和职业荣誉感,才可能对自己的职业产生热爱的道德情感,才可能迸发出忠于自己职业的道德理想和献身精神。

1)努力培养干交通、爱交通、献身交通的职业情感和理想

人类的发展历史表明,一个民族、一个国家、一个地区的文明程度无不与交通的发达程度密切相关。交通是社会发展进步的重要条件,是实现工业化和现代化的先驱,是国民经济的"命脉"和"先行官"。汽车运输作为交通运输的重要组成部分,由于其机动、灵活、便利、投资少、见效快、周转速度快,能实现直达运输、门对门运输以及适应性强等特点和优势,在国民经济和社会发展中处于十分重要的地位。要保证汽车运输生产的顺利进行,就要对汽车进行经常的维护和修理。因此,汽车运输业的发展离不开汽车维修,发达的汽车运输业必须有发达的汽车维修业作为保证。二者互相促进,相得益彰。

从汽车维修业的产生和发展来看,其最明显的特征就是以其技术上的可靠性,保证和恢复汽车这一运输工具的使用性能,延长汽车的使用寿命,直接为汽车运输服务。汽车维修工作的好坏,直接影响着汽车运输的质量和水平。如果修理部门不能很好地为运输部门提供安全可靠的运输车辆,就会严重影响甚至制约汽车运输事业的发展,在车轮滚滚的后面有无数的汽车修理工在为其服务。

现在我国民用汽车的拥有量已达到1 200多万辆,并且以每年近百万辆的速度发展,越来越多的汽车已开始进入千家万户。要保证这些车辆安全、准时、高效、低耗的运转,汽车维修从业人员肩负着极其光荣而又艰巨的任务。这就要求我们每一个正在从事或即将从事汽车维修职业的人员必须牢固树立立足本职、爱岗敬业的主人翁精神,树立干交通、爱交通、献身交通的职业情感和职业理想,自觉履行汽车维修职工应尽的义务。

目前,我国的汽车维修业与发达国家相比还有很大的差距,我们的装备、技术和检测手段还比较落后,所处的工作条件还比较艰苦,面临的困难还比较多,作为一名汽车维修从业人员,热爱自己从事的事业,尽快改变我国汽车维修的落后状况,早日实现我国交通运输乃至维修的现代化就是目前我们最大的职业理想。有了这样的理想和职业情感,我们就能时刻把自己从事的工作与实现社会主义现代化的大目标联系起来,就会有强烈的事业心和责任感,就会时刻以主人翁的劳动态度扎实工作,尽快改变我国汽车维修业的落后状况,完成历史赋予我们的光荣使命。

2)树立正确的职业观,学一行,爱一行,干一行,专一行

在现实生活中,我们往往会发现两种不同的情况。有的人为自己的职业而自豪,有的人却不愿提起自己的职业,谈到自己的职业就牢骚满腹。原因就在于前者热爱和尊重自己的职业,后者厌弃和鄙视自己的职业。

实际上,每个人在走上工作岗位之前,都希望有一个理想的职业,并且在可能的条件下,都对自己所要从事的工作进行认真的比较和选择,问题是我们应当以什么样的原则和态度进行这种选择。

社会职(行)业的分工,是社会经济发展的结果。随着社会的发展,社会职业的分工会越来越复杂,越来越精细。历史上凡是适应社会发展和人们正当需要的职业,都有其存在的理由和

价值。在这种意义上,它们都是重要的。从事这些职业都是光荣的。社会就象一个活生生的生命有机体,是由各种各样的社会职业组成的,各种社会职业之间存在着不可分割的联系。社会上每一种行业的分工,就象一台完整机器中的机体,活塞和螺丝钉等零部件,缺少哪一个都会影响机器的正常运转,不能抽象地、笼统地说哪个重要哪个不重要。社会上的每一种工作是否有价值,其价值的大小,不在于它是否平凡,而在于它是否适合社会进步和人类自身发展的需要以及适合需要的程度。在我们的社会中,人们所从事的职业活动,不管其性质如何,规模大小,只要是社会主义建设所必需的,都是重要的,光荣的。我们都应安于其业,乐于其业,专于其业(图 3-5)。

图 3-5

人们在社会生产中只有分工的不同,而没有职业的高低贵贱,每个人无论干哪一行都是光荣的。所尽义务的目的都是为社会提供服务。每个职业岗位上的服务者,在别的岗位面前都是被服务者,这里的职业分工是平行的,没有尊卑贵贱之分,也不存在根本的利害冲突。作为修理工来说,驾驶员修车时你为他服务,同样当你乘车时驾驶员为你服务。当你出门买东西、上医院、看电影、住旅馆、下饭店……都有人在为你服务。所以说,这种相互的服务关系,不存在谁侍候谁的问题。如果一个人只想别人为自己服务,而自己不愿为别人服务,那是与社会主义道德背道而驰的,也是对自己职业的鄙视和否定。

这里需要强调的是,应该把个人的兴趣、爱好、特长建立在国家和社会需要的基础上,并在职业生活中发展个性、完善个性、达到个性与共性的完美统一。从心理学上来讲,个人的兴趣、爱好、特长并不是天生的,而是在社会实践中培养和强化的,因而也是可以改变的。热爱本职工作与个人的兴趣与爱好,与人才的合理流动并不矛盾。每个职业劳动者都有自己的个性特征和职业理想,但这种职业理想并不是在选择职业之前就已非常确定且不可改变。特别是由于一定客观条件的限制,每个人所从事的职业也不一定完全符合个人的兴趣爱好和专业特长。况且,市场供求关系的变化和激烈的市场竞争,也不可避免地强制一部分人脱离原来的职业岗位,重新学习专业技能,寻找就业的机会。因此,每个职业劳动者都应当正确处理"干一行、爱一行、钻一行"与变换职业、人才流动之间的辩证关系,处理好国家建设需要与个人专业兴趣、爱好之间的关系,避免三心二意做工作,朝秦暮楚换职业的现象。

在发展社会主义市场经济的形势下,尽管人们的择业观念、就业方式发生了很大的变化,但是,允许人才流动,提倡双向选择。在讲求效率和效益的今天,任何一个企业都不会录用那些没有敬业精神,只为自己着想的人。因此,立足本职、爱岗敬业、扎实工作,干一行、爱一行,仍然是我们需要坚持和发扬的时代精神,同样也是我们树立正确的职业观和人生观所必不可少的基本要求。

3)增强主人翁责任感,与企业同呼吸、共命运

在我国,职工是企业的主人,是社会主义现代化建设的主力军。增强主人翁责任感,就要

求我们每一个汽车维修从业人员充分认识自己的工作对社会应尽的责任与义务，尽最大努力，认真负责地做好本职工作，做出令人满意的效果与业绩，为企业增效，为社会增效，为汽车维修事业的发展做出应有的贡献。

树立牢固的专业思想。汽车维修从业人员要在自己的职业活动中陶冶高尚的职业道德情操，首先，必须树立牢固的专业思想，充分认识汽车维修工作的重要意义，安心和热爱自己的劳动岗位。当然，牢固的专业思想并不是一蹴而就的，而是要经过一个过程，并且也常常会出现兴趣、爱好与所从事的职业不相一致的问题。但是，只要我们正确认识自己所从事的职业在国民经济发展中的地位和作用，这个过程就会缩短，兴趣也会逐渐培养起来。大家都知道，鲁迅在青年时代曾去日本学过医，对文学并无兴趣，但他面对帝国主义的无耻行径和祖国山河破碎的状况，感到唤起人们的觉悟比医治人们的身体更重要。从此，他弃医从文，拿起战斗的笔，向旧世界宣战，成了一个伟大的文学家、思想家和革命家。这就是说，只要我们把社会主义现代化建设的需要作为自己的志向，就一定能对自己从事的职业产生浓厚的兴趣，树立起牢固的专业思想，并为之而努力奋斗。

培养职业荣誉感。职业荣誉是对职业行为的社会价值所做出的客观评价和正确的主观认识。从客观方面说，职业荣誉是社会对某一职业行为的价值评价；从主观方面说，职业荣誉是劳动者对自己从事职业的认识，是对职业自爱心、自尊心、自豪心的表现。作为一名汽车维修从业人员，应当把企业的荣誉和利益，把行业的前程和兴衰时刻放在心上，正确认识自己职业的社会价值和社会作用，热爱自己的职业，并以此为荣。只有这样，才能自觉养成热爱交通，献身交通的职业情感，才会关心自己职业的兴衰和荣辱，才能增强主人翁的责任感和使命感，才能干好自己所从事的工作。

做到爱厂如家。企业是职工劳动的场所，是职工生存的依托，职工是企业的主体，企业靠职工发展。职工与企业利益相关，休戚与共。作为企业的主人，广大从业人员要牢固树立主人翁责任感，尽到一个主人应尽的责任：一是要关心企业，热爱企业，自觉维护企业的利益和荣誉，时刻把企业的兴衰放在心上；二是认真干好本职工作，安心和热爱自己的工作岗位，为企业多做贡献；三是要以不断进取的精神，努力学习，刻苦钻研，为企业的发展献计献策；四是要增强民主管理的意识和水平，积极参加民主管理。真正把自己的前途与国家、企业的命运联系在一起，牢固树立厂兴我荣、厂衰我耻的观念，自觉培养集体荣誉感和凝聚力，时时处处想主人事，干主人活，尽主人责，只有这样，企业才能发展，个人才有美好的生活。

目前，随着企业改革的深化，技术进步和经济结构的调整，人员流动和职工下岗是难以避免的。在这种困难情况下，就更加要求每个职工都应有主人翁意识、风险意识和危机意识，与企业同呼吸、共命运。

4)树立正确的苦乐观

有人说，汽车维修从业人员的一大特点是“苦、累、脏、难”，工作条件和工作环境比较艰苦。修理从业人员不论春夏秋冬总要钻车底、爬车身，一身油污，一身泥，劳动强度大；运输车辆出了故障，必须立即上路抢修，昼夜不分，风雨无阻；为了按时保质保量完成车辆维修任务，经常加班加点，随叫随到。

的确，汽车维修从业人员是比较辛苦的。面对苦和累，不同的人有不同的态度，一种是面对现实，战胜自我，以苦为乐，苦中求乐；另一种是回避现实，叹息摇头，怨自己找了份“苦差事”，想方设法离开。很显然，第一种态度是正确的，它反映了广大汽车维修人员的苦乐观。无论是体力劳动还是脑力劳动，都有它的苦和累。不动脑筋，不花气力，怕苦怕累，想成就一项事业是不可能的，要成就事业就要舍得吃苦，勇于吃苦。建设社会主义现代化是既伟大又艰巨的事业，是造福子孙后代的宏伟工程。全国人民包括我们每一个汽车维修从业人员今天的艰苦奋斗都是在为这个宏伟工程添砖加瓦，是为了将来创造出更多的“甜”。古话说：“宝剑锋从磨砺出，梅花香自苦寒来”。一个人只有在艰苦的环境中，才能培养自己百折不挠的坚强意志。一个过惯了艰苦生活的人，以后再遇到什么大的困难，都有战胜它的勇气和决心。反之，一个追求物质享受、讲排场、比吃穿、怕吃苦的人，是不会对社会做出什么贡献的。

汽车维修从业人员要树立立足本职、爱岗敬业的良好职业道德，就要树立正确的苦乐观；要有与人民同甘共苦的思想，为了人民的利益，吃苦在前，享受在后；要摆正个人幸福与人民幸福、个人享受同他人享受的关系，坚持人民的利益高于一切；要发扬革命的乐观主义精神，积极进取，乐观向上。要敢于吃苦，乐于吃苦，以苦为甘，以苦为荣，自觉到艰苦的环境中磨炼自己。发扬不怕苦，不怕累，任劳任怨，吃苦耐劳的精神，树立克服困难、战胜困难的信心和勇气。快乐是从艰苦中来的，只有经过劳作，经过奋斗得来的快乐，才是真正快乐。当我们通过辛勤的劳动，把车辆准时、优质、高效地送到顾客手中时，当一辆辆抛锚车辆经过我们的劳动又重新奔驰在公路上时，我们会为我们的劳动成果得到人们的肯定和赞扬而欣慰、高兴，我们会为我们的“苦”给他人带来的“甜”而充满快乐。正如一位伟人所说：“如果一个人热爱自己从事的劳动，他定会竭尽全力使其劳动过程和劳动成果充满美好的东西”。

5)向模范人物学习，在平凡的岗位上实现人生价值

一个人干什么职业并不重要，重要的是他能否勤勤恳恳、认认真真地做好自己的本职工作，最大限度地发挥自己的聪明才智。

在各行各业，我们都可以看到许许多多立足本职、爱岗敬业、全心全意为人民服务的先进人物和动人事迹。他们以自己的言行为我们做出了光辉榜样。

时传祥是北京的一个普通掏粪工人，在掏粪这个别人看来又脏又累的岗位上，一干就是几十年。那时，掏粪是纯体力活，光是背在肩上那半人多高的粪桶就有10多公斤，装满粪便后质量达50多公斤，时传祥每天掏、背的总质量达5t。日复一日，年复一年默默奉献在这个艰苦的工作岗位上。他“宁肯一人脏，换来万家净”的名言，至今仍被人们广泛传诵。

雷锋是一名普通的战士，他没有什么惊天动地的创造，他所做的工作都是平凡的，但就是因为在平凡的工作中，他始终以全身心的爱去对待每一件“小事”，始终把伟大的共产主义理想融汇在自己平凡的工作之中，因而在平凡的工作中表现了共产主义战士的伟大胸怀和高尚情操。雷锋的“螺丝钉精神”和全心全意为人民服务的高尚品质，教育、鼓舞、激励着一代又一代有志青年。

张秉贵是一个普通的售货员，在他32年的工作生涯中，始终如一地热爱自己的事业和工作岗位，以“一团火”精神对待工作和顾客。经过长期的摸索和实践，他总结出“主动、热情、诚恳、耐心、周到”的十字服务规范，以及“接一问二联系三”的“快速售货法”，练就了“一抓准”、“一口清”的绝技。他曾说：“站柜台的学问虽不高深，也不惊心动魄，但里面同样有科学，要干好大有学问。”张秉贵以他的“一团火”精神，成为全国商业战线上的标兵。

李素丽是一个普通的公共汽车售票员，在售票岗位上，用自己日复一日、年复一年的劳动给人们带来了真诚的笑脸、热情的话语、周到的服务、细致的关怀，为乘客撑起了一片爱的蓝天。在平凡的岗位上谱写了一曲“岗位作奉献，真诚为他人”的壮丽凯歌。她说：“我为我的职业感到自豪，是它给了我每天都能向他人奉献真情的机会，让我每天感到充实，我心里只有一句话，我在售票员这个岗位上实现着自己的理想和人生追求，我永远属于我的乘客，属于我的

岗位,我的服务能使乘客满意胜过任何荣誉。”

徐虎是一个普通的水电维修工,他的工作又脏又累,但他热爱自己的职业,不仅在上班时干好自己的工作,还利用下班时间做维修工作。多年来,他日复一日地修马桶、水管、电路,不怕污浊,不辞辛苦,为一户户居民排忧解难,成了居民最需要、最欢迎的人。

像这样的人和事我们可以举出许多许多。这些事例告诉我们,一个人只有首先热爱自己所从事的事业和工作岗位,明白自己的工作对国家、对企业、对社会、对他人所存在的价值,才能干一行,爱一行,专一行,才能在岗位上立业,在岗位上成才,在岗位上做出贡献。那种认为自己处于平凡岗位,干不出什么大事的想法是片面的。一个人能不能干出什么惊天动地的事业并不重要,重要的是看它是不是尽了最大的努力去工作。只要做到这一点,即使在平凡的岗位上,也能实现人生的价值,做出不平凡的业绩。如果看不起自己的工作,没有敬业精神,朝秦暮楚,见异思迁,得过且过,做一天和尚撞一天钟,那是不可能做出任何成绩来的。

2. 努力学习、刻苦钻研,不断提高业务水平

培根说过:“知识就是力量。”列宁也曾多次强调指出:“工人一分钟也不会忘记自己需要知识的力量”。没有知识,工人就无法自卫;有了知识,工人就有了力量。他有一句非常著名的话就是:“只有用人类创造的全部知识财富丰富自己的头脑,才能成为共产主义者。”

当今,随着科学技术的迅速发展和知识经济的崛起,对劳动者的文化素质和技术水平提出了越来越高的要求。在现代社会,努力学习现代科学技术,不断更新充实业务知识和技能,适应本职工作的新发展,是各行各业从业人员迎接世界新科学技术革命的挑战,为现代化建设作出更大贡献的基本条件。作为汽车维修从业人员,努力学习、刻苦钻研,不断更新自己的知识,提高自己的科学文化水平和技术水平,不仅是工作的需要、时代的要求,而且是干交通、爱交通、献身交通的具体体现。

1)努力学习,不断提高文化知识水平

汽车维修从业人员的文化水平近几年虽然有了较大的提高,但总体文化水平远远不及其它行业。这就要求我们必须努力学习,加强技术培训,以适应汽车维修业不断发展的需要。

(1)要有明确的学习内容。在学习内容上,应根据不同的层次,按不同的文化水平、操作水平,有所侧重,如对那些科学文化知识比较薄弱的人员,可适当加大文化基础课的学习;而对那些文化基础知识比较扎实的人员,可在新技术、新工艺、新设备、新材料等课程的学习上多下功夫。在学习过程中,一方面要考虑企业今后生产和发展的需要,另一方面要密切结合当前生产中急需解决的问题,学以致用,要坚决反对那种贪大求全、好高骛远的不切实际的做法。此外,还要注意知识更新,防止知识老化,及时了解国内外汽车维修领域的新动态、新技术、新工艺、新设备、新材料,不断充实自己,提高自己。

(2)要提倡多种学习形式。对每个人来说,学习的方式和途径各不相同,有脱产学习、业余学习、岗位学习等。不论哪种学习方式,都需要脚踏实地,循序渐进,不怕困难,知难而进,坚韧不拔。汽车维修从业人员不可能全部脱产学习,应做到边工作、边学习,可采用函授学习、自学考试、职工夜校、业余学校等多种形式。提倡和鼓励职工自学成才。

(3)要有良好的学习态度和方法。现在有不少职工对学习的重要性认识不够,满足于“修理工,修理匠,怎么拆了怎么装”的一知半解,平时不注意学习,缺乏过硬的业务技术,工作起来经常无从下手、丢三拉四。俗话说:“人不学要落后,刀不磨要生锈”。作为一名合格的修理工,特别是年轻职工必须树立正确的学习态度,把今天的学习同将来更好的为社会服务结合起来,同个人的前途结合起来,认真学习、刻苦钻研。防止和克服将过多的业余时间花在娱乐活

动上。还要注意把学习钻研理论与实践经验结合起来,在工作中充分发挥自己的聪明才智。

近年来,随着汽车工业和汽车运输业的发展,新工艺、新技术层出不穷,汽车规格、型号多了,专业车辆多了,中小型车辆多了。人们说,一辆小小的汽车上,能够体现出一个国家的科学技术水平。仅以汽车电气系统为例,随着科学技术的飞速发展,汽车上使用的高新技术越来越多,汽车的电气部分越来越复杂,从发电、蓄电、变电、起动、点火、照明、音响、信号、仪表显示等,无不显示出其科技含量和技术上的进步。汽车技术的发展,就要求汽车维修从业人员必须立足本职,勤奋学习,刻苦钻研,苦练基本功,不断更新自己的知识,尽快掌握现代化的检测、诊断手段,熟悉维修设备,不断提高自己的业务知识和技术水平,成为汽车维修各岗位上的行家里手(图 3-6)。

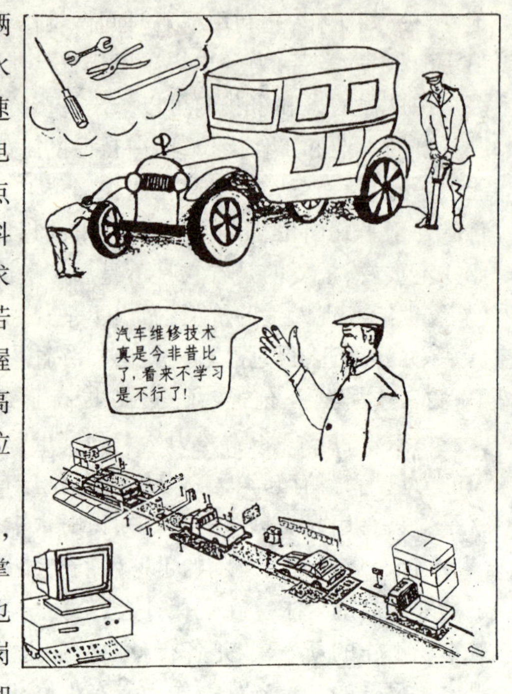

图 3-6

此外,在当今社会,各种知识相互渗透、融合,又向人们提出了做“通才”的新要求。一般来说,掌握专业知识多的人,其职业技能要高,这样的人也最适合社会的需要。因此,我们在学习和掌握本岗位专业知识和工艺技术的同时,务必要努力学习和掌握一些与自己本职有关的知识和技能。

2)钻研技术、精通业务要有坚韧不拔、锲而不舍的精神

学技术、学业务,并不是一件十分容易的事情,而是一件十分辛苦的工作,需要坚韧不拔的毅力和刻苦钻研的精神。马克思说过:“在科学的道路上,没有平坦的大路可走,只有在那崎岖的小路上勇于攀登的人,才有可能到达光辉的顶点”。对此,我们不仅要有足够的思想认识,还应有不怕困难、锲而不舍、知难而上、坚韧不拔、持之以恒的精神。俗话说:勤奋是蹊径,毅力是长梯。科学技术和业务知识是老老实实的学问,来不得半点虚假。真实本领的掌握和事业成就的取得,绝非一日之功,一夜之力,往往需要几年、十几年、几十年的奋斗。古往今来,一切在事业上有所建树的人,无不历尽千辛万苦,闯过重重难关,才到达了胜利的彼岸。除此之外,绝无捷径可走。我国民间许多广为流传、家喻户晓的成语典故、谚语警句,都说明了这个道理。比如:“只要功夫深,铁杵磨成针”、“宝剑锋从磨砺出,梅花香自苦寒来”、“没有几番寒彻骨,哪来梅花扑鼻香”,“头悬梁,锥刺股”、“活到老,学到老”等。这就是说,学习一方面要有勤奋好学的精神,另一方面更要具有坚韧不拔的毅力。只有吃苦耐劳,勤奋不息,锲而不舍,才能学到真实的本领,在事业上有所成就。而惰性十足,一曝十寒,三天打鱼两天晒网,不肯付出辛勤劳动和汗水的人,即使站在河边,也是永远捞不到珍珠的。

在现代科学技术日新月异的今天,我们尤其要注意学习新知识,掌握新技术,了解新动向,开拓新领域,否则,就有可能在激烈的市场竞争中被淘汰。现在一些从业人员有这样的看法,认为自己基础差,无论怎样学,也不会有多少长进,因而安于现状,不愿下功夫去学习。这显然是不对的。全国劳动模范、被誉为“蚂蚁啃骨头”的传人刘海珊,原是踏三轮车的半文盲,后来改行到上海建设路桥机械设备有限公司当了一名工人,他靠着愚公移山的精神和刻苦钻研、大胆创新、胜不骄败不馁的顽强毅力,一步一个脚印,一个台阶一个台阶地向科技高峰攀登,先

后取得了中学、大学文凭，完成了140多个技术革新项目，其中重大项目20项，国家急需项目5项，还填补了一项国内空白，为企业、为国家做出了突出贡献。他本人也从普通工人成为一名高级技师，光荣地获得了国家级001号高级技师证书。全国劳动模范，武汉钢铁集团公司第一炼钢厂工人邬洪明，曾从自己缺乏经验和技能，造成1t钢水变成废品的沉痛教训中体会到：现代企业不仅仅需要有体力、能吃苦的工人，更需要有知识、有技能的工人。正是有了这样的认识，他开始了刻苦的学习，凭着顽强的毅力，在工作岗位上读完了从初中到高中的全部课本，以及必需的专业书籍，使这位农民出身的连钢的化学元素都不认识的普通工人，逐渐成长为现代化钢铁企业里的一名工人技师。这说明，一个人只要勤奋学习，刻苦钻研，有明确的学习目的和坚韧不拔的学习精神，就一定能在平凡的岗位上做出不平凡的业绩。

对于交通职业技术学校汽车维修专业的学生来说，今天是学生，明天就会成为汽车维修行业的技术工人。目前，已处于走上职业岗位前的准备阶段，我们学习的直接目的，就是为将来的职业生活打好基础。我们应当十分珍惜今天的学习生活。俗话说："一寸光阴一寸金，寸金难买寸光阴"、"浪费时间就是浪费生命"。青年学生正处在风华正茂的黄金时代，只有努力学习科学文化知识，掌握专业技术，才能成为汽车维修战线的合格接班人。在校期间，要坚持德、智、体、美、劳全面发展，刻苦学习所开设的各门课程，无论是专业基础课、专业课还是实验实习课都要认真学习，刻苦钻研，要奠定合理的知识结构，努力掌握从事本职业所必需的文化知识和专业技能。克服少数同学不思进取、安于现状(60分万岁)的错误观念，真正把自己培养成"有理想、有道德、有文化、有纪律"的一代交通新人，完成历史赋予我们的光荣使命。

第三节　精工细修　优质高效

汽车维修质量的好坏，不仅直接关系到行车安全，而且关系着企业的生存与发展。做为一名汽车维修从业人员，在汽车维修工作中做到精工细修、优质高效，以高度的主人翁责任感为汽车用户提供安全可靠的维修服务，让驾驶人员开上安全车、放心车，保证汽车客货运输生产的顺利进行和行车安全，是每一个汽车维修职工的神圣职责，也是汽车维修从业人员热爱本职工作，全心全意为人民服务道德品质的集中体现。

一、精工细修、优质高效的含义

汽车是由众多零件组成的有机综合体，在维修过程中，大至各类总成，小至一个螺栓、螺母，无不与汽车的安全行驶有关。任何一点微小的差错或疏漏都有可能埋下隐患，甚至导致交通事故的发生。因此，提高工作质量，为汽车用户提供安全可靠、性能优良的运输车辆，不仅是汽车维修从业人员应尽的责任，也是衡量汽车维修从业人员职业道德水平高低的一条重要标准。

1. 精工细修的含义

精工细修作为汽车维修从业人员的职业道德规范，是指汽车维修从业人员在职业生活中以高度的主人翁责任感和对国家、对人民、对社会负责的工作态度对待职业生活。在维修工作中要以精确的工艺、细心的修理和认真负责的工作态度维修车辆，为汽车用户提供安全、优质、低耗、高效地维修服务，确保车辆完好和运输生产的顺利进行。

精工细修作为汽车维修从业人员的基本道德要求，其内容可概括为三个方面：一是要有严细认真、一丝不苟的工作态度，在维修工作中认真负责，严谨细致，精益求精；二是要有牢固的质量意识、安全意识和服务意识，把汽车维修工作的质量与汽车运输生产、人民生命财产安全和企业的兴衰联系在一起；三是要严格按照工艺规范和操作要求从事各种作业，保证工作质量和车辆维修质量，让驾驶人员开上安全车、放心车(图 3-7)。

图 3-7

2. 优质高效的含义

优质高效就是要求汽车维修从业人员在汽车维修工作中以过硬的维修质量、高效率的工作和热情的态度为汽车用户提供满意的服务，保质保量地完成汽车维修生产任务，从而赢得良好的经济效益和社会效益。通俗地讲就是维修质量优、工作效率高。

对于汽车维修经营户来说，维修质量是企业的生命，是企业赖以生存和发展的基础。效率、效益是企业生产的目的，是企业赖以生存和发展的保证。优质高效作为汽车维修从业人员的基本道德规范，其基本内涵可以概括为二个方面：一是要求汽车维修从业人员严格按照维修作业计划，正点及时、保质保量地为汽车用户提供质优价廉、安全可靠、技术性能良好的运输车辆；二是要求汽车维修从业人员在从业过程中，把质量第一、安全第一、用户第一的思想落到实处，力求以最优的质量、最佳的服务、最短的时间为用户提供及时、细致、周到、热情、文明、满意的服务，并以此赢得用户，占领市场，在竞争中立于不败之地。

精工细修、优质高效作为汽车维修从业人员的基本道德规范，其根本目的在于提高汽车维修从业人员的服务意识、质量意识和安全意识，提高汽车维修质量。我们通常所说的汽车维修质量主要包括三个方面的内容：一是工序质量。指人、设备、材料、工艺、环境五大因素对汽车维修质量所造成的影响程度。二是工作质量。指与汽车维修质量有关的工作对汽车维修质量的保证程度，即企业或科室、车间的管理工作、技术工作、组织工作对提高汽车维修质量的保证程度。三是服务质量。指对车辆送修部门、单位或个人进行维修服务的优劣程度。在上述影响汽车维修质量的诸因素中，人是最重要的因素。实践证明，如果汽车维修从业人员缺乏管理技能，质量意识、服务意识、安全意识淡薄，即使有了先进的设备和技术，采用了上等的原材料，也照样维修不出质量优良的车辆来。因此，加强对汽车维修从业人员的教育与管理，牢固树立质量、服务和安全意识，在工作中认真负责、一丝不苟是提高车辆维修质量的根本保证，也是实现汽车维修服务优质高效的根本保证。

当前，在汽车维修从业人员中确实存在着偷工减料、马虎搪塞、以次充好、不负责任、粗心大意、做表面文章等现象，从而严重损害了企业的声誉和维修服务质量。比如我们常常会碰到这样的事：有些刚大修出来的车没跑几百公里气缸垫冲了，打开一看，原来是装错了；有些刚修不久的车，减速器双曲线齿轮很快就磨损报废，原来是用错了齿轮油；有些刚修好没几天的车跑掉了轮子，减速器烧坏等。少数修理人员不负责任，该拆的不拆，该检查的不认真检查，维护达不到所规定的要求，车辆存在的隐患没有解决，甚至修出了新的毛病，严重影响汽车的正常运行(图 3-8)。

在有些汽车维修业户和修理人员中,严重存在着由于人为因素所造成的维修质量问题。如连杆螺母松脱,造成发动机缸体捣坏;轮毂轴头锁紧,螺母松脱,车轮“甩饼”;气门座圈脱落,掉入缸内砸碎活塞;横拉杆球销松旷,导致转向不灵而肇事;零部件表面修理装配时不清洁;活塞及环没有清洗干净,砂粒、尘污、纱头带入缸内,导致拉缸或油道堵塞;曲轴止推片装反,引起曲轴轴向移动;后桥双曲线齿轮错加普通齿轮油而润滑不良,使之早期磨损;零件拆装时乱扔、乱摔、磕碰致伤;螺母、垫片等异物掉入机器中;维修漏项;零件漏装;“带病”装车;间隙调整不当;车辆修复交车时,发动机、变速器、桥壳内出现明显噪声、异响等(图 3-9)。

图 3-8

图 3-9

在日常修理和维护车辆中,稍有疏忽就有可能出现人为故障,从而留下不安全的隐患。人为故障一般出现得比较突然,故障前无任何迹象,也无规律性,因而排除的难度也相对较大。产生人为故障的主要原因,除技术因素外,修理工责任心不强,质量意识不牢固;管理不严格,技术措施不完善;工作纪律不严,工作马虎,违反操作规程是其主要原因。因此,要克服这些不道德的行为,各修理经营业户在加强质量管理的同时,要加强对汽车维修从业人员的职业道德教育,使每一个汽车维修从业人员充分认识汽车维修质量与安全运行的关系。为汽车用户提供高质量的维修服务。

二、精工细修、优质高效的意义

汽车维修从业人员要为汽车运输企业和汽车用户提供经过维修的高质量的运输车辆,就必须全面履行精工细修、优质高效的职业道德规范。

1. 精工细修、优质高效是汽车维修工作性质和特点的必然反映

自 1886 年第一辆汽车问世以来,死于车轮下的人数已达到 3 200 多万人,超过了两次世界大战的死亡人数。而我国自 1987 年以来,每年死于车祸的人数都在 5 万人以上,并有逐年上升的趋势。据公安交通管理部门统计,1997 年全国道路交通事故案件共发生 30.42 万起,交通事故死亡 7.39 万人,受伤 19.01 万人,直接经济损失 18.5 亿元,万车死亡率 17.3 人。据统计

在我国造成的交通事故原因中，属机械故障的事故约占总交通事故的6%左右。在这些机械事故中，由于维修人员操作不当，不负责任而造成的事故占有一定的比例。比如，1989年1月29日，福州汽车运输公司一辆大客车从福州载客返回永泰，在一处下坡右转弯时，因转向失灵，客车翻下路面20多米深的大漳溪内，造成12人当场死亡，8人受伤，车辆严重损坏的重大恶性交通事故。据鉴定，这起特大交通事故的原因是在进厂维修过程中，修理工吴某将直拉杆后端球碗装错，造成行驶中拉杆与球头销脱落，以致转向失灵(图3-10)。修理工吴某被依法逮捕。

1990年4月10日，河南省郑—宿公路永城段发生了一起4人死亡、3人受伤，车辆报废的重大交通事故。经车管部门鉴定，事故原因是由于修理工在修车时使用了一个失效的轴头螺母锁紧垫片所致。原来该车不久前因制动失灵曾送修理厂修理，修理工邓某违反操作规定，对所使用的轴头螺母锁紧垫片没有认真清洗检查，不负责任地装上了一个内径大于轴头的垫片，致使锁紧垫片失去了应有的作用，以致造成行驶中左前轮突然脱离车轴的恶性事故发生。在山东邹县境内也曾发生过一起3人死亡的恶性事故，事故原因是修理人员在焊接挂车的三角连接架时，不负责任，只焊表面，致使行驶中挂车断裂造成事故(图3-11)。

图 3-10

图 3-11

由此可见，维修人员的工作态度和工作质量直接关系到汽车运输生产和人民生命财产的安全。因此，我们把精工细修、优质高效作为汽车维修从业人员的基本道德规范，对于汽车维修人员来说，具有特殊的意义。如果一辆维修质量差，带着事故隐患的车辆在公路上行驶，一旦出现机件失灵而发生故障，后果将多么不堪设想。换句话说，容忍一辆技术性能不好的车辆在公路上行驶，是对人民的犯罪！因此，为汽车运输企业和汽车用户提供安全可靠的运输车辆是汽车维修从业人员的神圣职责。我们必须时刻为汽车运输企业着想，为汽车驾驶员着想；时刻把汽车维修与安全行车紧密地联系起来，修好车，修好安全车。高质量的车辆离不开汽车修理工认真负责、严谨细致的工作态度和工作作风。做为一名汽车维修从业人员，必须抱着对国家、对企业、对人民高度负责的精神，对汽车维修工作认真负责、一丝不苟，把故障排除在车间内,把隐患消灭在萌芽中。精工细修、讲究质量就是对国家财产负责,对企业负责,对人民的生命安全负责,就是为维护社会安宁做出贡献。如果维修人员由于不负责任,工作马虎、丢三拉四,经常出现由于维修质量不过关或由于工作失误造成的交通事故,不仅要受到良心的遣责,甚至要承担相应的法律责任。所以,精工细修、优质高效,对汽车维修从业人员来说,不仅仅是个劳动态度问题,也是个职业道德问题,是对国家、对社会、对人民、对企业、对个人负责的具体表现,是汽车维修人员热爱本职工作、爱岗敬业、全心全意为人民服务道德品质的集中表现。

2. 精工细修,优质高效是汽车运输客观规律的基本要求

安全、迅速、准确、经济、方便、舒适是社会主义生产目的对汽车运输行业的基本要求。汽车运输生产要实现安全第一、正点及时、舒适方便、"货畅其流、人便于行"的运输目标,汽车维修从业人员担负着极其重要的责任和义务。

汽车维修从业人员在汽车运输生产中所担负的主要责任是保证车辆的技术性能和机械部件始终处于良好的运行状态,及时排除故障,保证行车安全,提高运行质量。汽车维修质量的优劣与汽车运输服务质量的好坏有着十分密切的关系。车辆维修质量高,可以为运输企业和汽车用户提供安全可靠的物质保证,保证车辆在行驶过程中不发生机件交通事故,从而保证汽车运输生产的顺利进行;车辆维修质量差,就会给汽车运输生产带来极大的隐患,轻者影响客货运输生产的正常进行,给人民的正常生活带来诸多不便,重者造成交通事故,甚至车毁人亡,给国家财产和人民生命安全造成损失。因此,要保证汽车客货运输生产的安全,就要求汽车维修从业人员在日常的维修工作中,牢固树立"安全第一,质量第一"的思想,牢固树立为汽车运输生产服务的思想,为汽车运输企业提供安全可靠的运输车辆,为他们的行车安全创造良好的条件和物质保证。

汽车维修人员在保证车辆修理质量的同时,还必须按时完成修理任务,保证汽车运输的正点及时。特别是随着国家经济体制改革的不断深入和市场经济体制的逐步建立,汽车运输的方式发生了很大变化,许多汽车运输单位相继推行了单车承包、租赁经营,人们的时间观念、效益观念有了很大的提高,对修理部门和维修人员提出了越来越高的要求。保质保量地按期完成修理任务,增强时间观念,做到随到随修,提高工作效率,压缩车辆在厂车日,减少返修率,是汽车运输生产对汽车维修企业的基本要求,也是汽车运输正点及时的重要保证。如果进厂车辆得不到及时有效地维修,不能按期投入运行,就会影响运输任务的落实。所以,修理人员对进厂车辆要按修理计划进行,保证维修质量,不误工期,在规定时间内完成修理任务(图 3-12)。

图 3-12

3. 精工细修、优质高效是提高维修企业服务质量与信誉的保证

产品质量和信誉的高低,服务质量的优劣,不仅关系着企业的效益与生存,而且直接影响着用户的实际利益。对一个企业来说,质量和

信誉既具有重要的经济意义,也具有重要的道德意义。在汽车运输行业,维修人员的工作既区别于驾乘人员的单纯服务性,又区别于产业工人的专业生产性,处于既生产又服务的地位。也就是说,汽车维修部门既要为汽车运输生产和汽车用户提供安全可靠的运输车辆,又要为汽车运输部门和车主提供优质高效的服务。

精工细修、优质高效做为汽车维修从业人员职业素质的重要内容,既是工作态度和专业技能的反映,又是提高服务质量与信誉的关键。随着社会主义市场经济的发展和现代企业制度的建立,汽车维修既要讲效益、讲盈利,也要讲文明服务、优质服务。汽车维修企业的经济效益主要是通过为社会提供汽车维修服务来实现。服务质量的好坏,服务水平的高低直接影响着汽车维修企业自身的效益。汽车维修质量好,服务态度好,维修及时,安全可靠,用户就会满意和放心,企业信誉就高,就能占领市场,就会车源充足,促进企业的发展和职工生活水平的提高。反之,服务态度恶劣,维修质量差,该换的零件不换,该检修的部位不检修,偷工减料,坑害车主,就会引起用户的不满和抗议,从而造成车源短缺,失去市场,使企业的经营陷于困境。可见,能否把精工细修、优质高效转化成汽车维修从业人员的自觉行动,不仅关系到企业的生存和发展,也关系到是否把全心全意为人民服务的宗旨落到实处。因为汽车运输企业和客户对维修企业最大的要求就是为他们提供快速、方便、优质高效、安全可靠的车辆维修服务,保证车辆良好的技术状况和运行安全。而精工细修是实现优质服务的关键环节和主要内容。如果维修从业人员连最基本的维修质量和信誉都保证不了,就根本谈不上优质服务,为人民服务也就成了一句空话。因此,为了满足用户的需要,就要求我们每一个企业、每一个车间、每一个从业人员必须牢固树立用户至上的思想,不断提高汽车维修服务的质量与信誉,提高企业的知名度,使企业在激烈的市场竞争中立于不败之地。

三、精工细修、优质高效的具体要求

汽车维修从业人员的基本职责是通过对车辆进行维护、修理,消除汽车在行驶过程中因机件磨损以及其它原因产生的故障和隐患,使汽车维持或恢复应有的技术性能和安全可靠的运行状态,为汽车用户提供高质量的汽车维修服务,以满足汽车运输生产和人们日常工作生活的需要。

1. 增强安全责任感,牢固树立为安全运输服务的思想

在此介绍一个因修理质量问题引起交通事故的实例:1989 年 2 月某日,一辆东风牌大货车沿着机动车道由南向北行驶,前方路口的交通信号灯已转成红色,可是这辆货车不仅没有停住,反而仍以 40km/h 的速度向前冲去,这时一个年轻妇女正骑着自行车横向到达路中间,结果被大货车连人带车撞倒在地,货车的右后轮从其身上轧过,冲出百米后才缓缓停了下来,这时人们惊呼着围上前去,只见年轻妇女血肉模糊地躺在血泊中,早已咽了气,驾驶员则满头大汗,脸色惨白,一个脚还在神经质地踩制动。后经车管部门审理,这起事故的原因是由于车辆的减振器脱落,因为没有及时修复而使它不断撞击且磨损了液压制动的制动油管,并在制动的压力下,终于使油管穿孔漏油,导致制动失灵,造成惨剧的发生。事故虽然发生在驾驶员身上,但是如果维修人员在平时的维修中,以高度的责任心,及时修复脱落的避震器,消除隐患,就能避免事故的发生。在我国道路通行条件较差而又呈混合交通的情况下,行人车辆动态复杂,道路拥挤,一旦出现机件失灵,车辆失去控制,产生的后果将不堪设想。

有人说,汽车维修企业是汽车运输的“医院”和“疗养院”,汽车维修人员是汽车的“医生”。可以说,在汽车维修企业提供的产品中,质量、安全是第一位的。如果汽车修理部门不能很好

地为汽车运输企业提供安全、优质、可靠的运输车辆就会严重影响汽车运输企业的行车安全和营运质量。

作为一个汽车维修人员，必须增强自己的安全意识，确立安全责任感，并通过精工细修、优质高效的职业活动，把安全工作落实到具体工作之中。维修人员要经常从四个方面去想一想：一是由于自己的工作失职，车辆带病运行酿成事故，不仅本人要受到道德的谴责，甚至还要受到法律的制裁；二是父母、兄弟、姐妹以及本人也可能成为由于修理质量差而造成的交通事故的受害者；三是修理企业的质量无保证，企业信誉受损，造成事故后等于赶走了客户，企业效益和个人利益必将受到影响；四是要为驾驶员着想，只有为他们提供安全可靠的车辆，才能为他们的安全行车创造良好的条件。

汽车维修从业人员要达到四个明确：明确修理职业在汽车安全运输中的地位和作用；明确维修人员在安全运输中的道德义务；明确维修人员与道路交通事故的必然联系；明确维修人员在因修理质量问题引起的交通事故中应负的法律责任。要加强与驾驶员的联系，经常检修易损易坏部件和关键部位，积极参与交通事故车辆的抢修，支持和配合驾驶员开好安全车。建立和完善安全管理和质量保证制度，对所修车辆认真负责，严格按操作规范作业，逐步养成自觉维护保修质量，坚持安全第一和为用户着想的良好职业习惯(图 3-13)。

图 3-13

2. 端正工作态度，自觉把好质量关

控制论和系统论有一个基本原理讲的是：100－1＝0。这是说，在一个组织或企业中，只要有一个人、一个环节出了问题或故障，整个生产经营活动都将受到严重影响，甚至前功尽弃。这种特定的生产经营背景，无论在分工协作上，还是在技术要求上，都必然对从业人员提出更高更新的标准。它要求每个人必须有严谨的工作作风、质量观念和整体观念。

对于汽车修理部门、汽车修理人员来说，工作任务完成的好坏、工作质量的高低，与其工作态度有直接的关系。要牢固树立 3 个意识：

(1)要有服务意识，一切为用户着想。汽车运输企业生产的组织，车辆的调配与车辆的维修密不可分。如果修理人员工作态度不端正，车辆修理不能按计划完成，运输任务就难以落实。汽车维修人员的工作，既是直接为用户服务，又是为社会生产服务。车辆一旦发生故障，车辆单位和车主心里都很着急，都希望修理部门尽快修好车辆，所以修理人员要急车主、驾驶员之所急，想车主、驾驶员之所想，做到及时维修，保证质量，满足用户要求。

为了建立经营管理素质和从业人员素质较高、技术工艺和设备先进、专业分工明确、维修质量可靠的汽车维修服务体系，交通部提出在“九五”末期要求：①大中城市要能够完成各种车型的各项维修业务，中小城市要能完成国产主要车型的各类维修业务和进口主要车型的维护、专项修理，在国道、省道沿线，30km 范围内应有一个二类以上维修站。②要努力实现维修竣工车辆在质量保证期内的返修率不大于5%，汽车大修、二级维护上线检测一次合格率在85%以上的目标。③要大力推广新技术、新工艺、新材料的应用,汽车维修专用设备和检测设备应分别占设备总数的35%和30%以上。④工程技术人员在全部生产人员中的比例要达到7%以上,一线工人及质检人员持证上岗率要达到100%。要实现上述目标,就要求汽车维修从业人员不断提高自身的素质,既要加强“硬件”建设,又要加强职业道德建设,不断提高职业道德水平。

(2)要有协作意识,要具有团结协作的精神。汽车修理人员是由诸多工种组成的集体。一部车辆的修理是修理部门中各工种、各工序共同努力的结果。汽车维修企业是一个有机整体,整个汽车的维修质量是每一个从业人员工作质量的总和,哪一个人的工作质量不合格,都会影响到整个汽车的维修质量,所以每一个维修人员都要树立高度的工作责任心和主人翁精神,团结协作,共同做好汽车维修工作。各工种、各班组、各车间以及修理企业之间都应相互配合,相互支持,团结协作。在企业内部,要树立“下道工序就是用户”的观点。上一班要为下一班创造良好的工作条件,上一道工序要为下一道工序提供方便,各工种之间要分工不分家,主动支援,正确处理企业内各工种、各车间、各部门之间的关系,增强维修企业生产各环节之间相互协作的责任心,全力以赴保证修理任务的完成。

(3)要有质量意识,确保维修质量,自觉把好质量关。产品质量关系到其使用价值。价值和使用价值的统一是企业生产的目的,没有使用价值的产品,无论付出多大的劳动,也没有价值。因此,质量历来对商品的价值起着否定作用。有人曾说:“企业产品是船,产品质量是帆”。企业只有靠高质量的产品,才能像扬帆的船,畅行无阻。一个企业只有牢固树立“质量以优制胜”的观念,才能最终在竞争中取胜。汽车维修提供的产品质量的好坏不仅关系到车辆的使用性能和安全运行,关系到汽车客货运输生产的正常进行,而且直接关系到国家财产和人民生命的安全, 关系到社会的安宁和稳定。所以保证汽车维修的质量就是保证国家财产和人民生命财产的安全,就是保证社会的安宁与稳定。努力提高汽车维修从业人员的质量意识,把企业与从业人员的切身利益与维修质量结合起来,真正把质量第一的方针落到实处,是每一个汽车维修人员义不容辞的责任。只有有了质量责任感,才会有技术上的精益求精,在强化质量管理中,注意提高广大从业人员的质量意识,抓配件质量,保优质修车;抓现场管理,保工序质量;抓竣工检验,保出厂质量;抓跟踪服务,保企业信誉。在服务质量上,对机关、企事业单位的车辆可实行定点维修,对个体车辆可实行包干维修,还可开展预约修理,上门、上路服务等。在组织生产过程中,从严格工艺纪律、劳动纪律入手,积极改善作业环境,注意抓现场管理,树立企业形象,以质量高、服务好、修车快、价格合理赢得市场,为企业创造效益。

汽车维修人员在维修工作中,必须做到:一清洁、二调整、三防松,不错装、不漏装、防磕碰、防摔伤、不合格的零件不装车,不合格的油料不使用,严格遵守交通部颁布的《汽车维修质量管理办法》、《质量保证期制度》、《汽车维修竣工出厂合格证制度》、《汽车维修质量检验制度》,严格执行各项操作规程,执行国家颁布的修理技术标准,按规定的工艺流程作业,努力减少返工率、返修率。对于关键部位,一个螺丝钉、一个铆钉也不能放过。从车辆进厂检修到出厂,必须严格按规程办事,出厂车辆一定要经过质量检测人员的检查,绝不允许“病车”出厂。质量检查人员要加强质量监督和检验, 要把重点放在维修过程中对人、设备、材料、工艺和环境等五大因素的控制上。把质量管理从事后把关转到事先控制上来,及早消除影响维修质量的各种因素。要建立和完善从车辆检测到维护修理等全过程的质量保证体系和监督体系, 所修车辆的质量必须经得起汽车维修行业管理部门的仪器检测和技术监督。

要严把配件质量关。目前,个别汽车配件厂家,由于生产条件所限和利益驱动,不注意零配件的质量,致使大量劣质配件流入汽车修理市场。在汽车使用中发生的故障,有很多是由于使用了劣质配件所致。同时,还应做好跟踪服务,认真听取用户、车主的意见,发现问题,及时补救,搞好修后服务。对那些为本单位车辆服务的汽车维修人员来说,虽然日常的维修工作既烦琐又单调,但却是保证车辆安全行驶所必不可少的,有许多隐患就是在平时的维修工作中被及时发现而消除的。如在上海公交公司某停车场,曾发生这样一件事:一天清晨,当值勤司机正准备驾车出厂时,一名汽车修理工刚巧路过,当他听到那辆车子在起动时有异常响动,这位具有良好职业道德和高度责任心的修理工,当即让司机停车检查,结果发现后右轮胎有个内螺栓松动,造成外胎装置不平,修理工及时进行了修理,避免了意外事故的发生。由此可见,树立强烈的质量意识和高度的职业责任感,是做好本职工作的前提。

3. 钻研修理技术,提高修理技能

经修理的车辆能否按时出厂,修理质量能否符合要求,除了维修人员的工作态度及其它因素外,还取决于维修人员技术素质的高低。在汽车技术迅速发展的今天,车辆技术性能越来越好,车型越来越多,车辆结构越来越复杂,汽车修理标准越来越高,汽车检测及修理设备技术要求及科技含量越来越高。汽车维修人员如果没有相当的文化和技术素质就很难胜任本职工作,也就更谈不上精工细修了。在汽车修理工作中,我们经常碰到这种情况:一辆有故障的新型车进厂,维修人员长时间判断不出故障所在,有时虽然查出故障原因,但却不能排除;有的汽车电工甚至连基本的电路图都看不懂,更不用说诊断和排除故障了。为此,每一个维修人员都要努力学习文化和科学技术知识,刻苦钻研业务,努力掌握本单位、本地区各种车型的构造、工作原理、技术数据,了解国家颁布的有关技术标准,努力掌握各种车型的拆装、修复、排故和调整技术,做到既能修老型车,又能修新型车,既会修国产车,又会修进口车。

要提高汽车修理水平,除了熟悉掌握不同的车型及修理工艺外,还要对不同季节、不同气候、不同路况等条件下,汽车的运行规律及容易发生故障的部位有所了解。如规格和型号不同的汽车,结构特点和薄弱环节也不一样,即使是同车型的车辆之间,使用年限不同车况也会有所不同。车辆行驶地区、道路情况以及季节、气候等条件,对车辆的技术状况有很大影响。如经常行驶于山区的汽车,其前桥、转向和制动部位需要勤维修;经常过河涉水的汽车,应注意检修制动系统;市区短距离往返的汽车,因变速频繁,要特别加强变速器的检查与维修;寒冷地区要特别注意预热保温和蓄电池的维护;炎热地区要防止发动机过热和气阻现象;风沙地区则要注意加强燃料系、各滤清器等的检查与维护;经常运输化工原料的车辆,要注意车箱和底盘的维护,常常夜间行驶的车辆,要特别加强电气设备的维修。所以,注意了解和掌握汽车运行的规律,也是提高修理水平和修理质量的重要途径。

4. 强化环保意识,坚持文明生产

(1)强化环保意识。汽车实现了人类奔驰的梦想,却将污染的灾难同时降临了人间。汽车的大量使用所产生的废气、噪声以及扬起的尘土,对自然环境造成污染,尤其以稠密、交通拥堵的城市街区为甚,这是一个不争的事实,据统计,在大气污染中,一些有害成份主要来自汽车排放的尾气。比如在美国和日本的大气污染物中,一氧化碳的95%~99%来自汽车排放的尾气。汽车排放的氮氧化物所占比例也很高,美国为32%~55%,日本东京为36%。这些有害物质不断造成人们的呼吸道疾病、生理机能障碍以及鼻粘膜组织病变;急性污染中毒甚至会导致心脏病恶化而猝死。同时,其中所含的多种致癌物质进入人体会产生持续刺激,可能引发癌症。汽车废气是人类生命的隐形杀手。

为了保护人类唯一的地球,保护生态环境,随着全球环保意识的增强,许多国家和地区相继制定了相当严格的法规,控制汽车废气和噪声的排放。最近我国正式发布了四项汽车排放国家标准,并将于 2000 年 1 月 1 日起实施。此次发布的四项标准均采用 ECE 法规。这四项标准制订后,我国汽车排放标准体系就成为一个体系完整、标准数量和技术要求都与 ECE 法规协调的体系,为我国汽车排放标准今后的各项工作奠定了坚实的基础。北京市已率先对尾气不达标的汽车进入北京进行了控制(图 3-14)。

图 3-14

作为汽车维修人员一要强化环保意识,充分认识污染的严重性;二要积极配合有关部门开发和推广降低排污量的技术装置,比如采用催化净化器,采用改善燃油—空气混合气成分促进充分燃烧等措施;三要刻苦钻研业务,精通汽车新技术和规范,对汽车尾气不达标的汽车进行整修;四要对造成易污染的废汽油、机油,集中收集,集中处理,对更换的旧件尤其蓄电池统一处理,不能随意丢弃。强化环保意识是精工细修、优质高效道德规范的重要内容,是历史赋予的新使命。

图 3-15

(2)坚持文明生产。文明生产,就是要按照生产的客观规律进行生产活动。坚持文明生产可以使汽车维修工作井然有序,管理有条不紊,环境优美协调,厂容整洁卫生。如果不讲文明生产,必然造成生产混乱、管理无序、环境污秽、事故频繁,维修质量难以保证(图 3-15)。

汽车维修人员在工作中要做到文明生产,就要在维护、修理车辆的过程中,注意保持工具、设备、配件、车辆和工作场所的整洁卫生。比如,工具在哪里拿,用完后仍放回原处;车间内要做到清洁卫生,窗明地净;在装配发动机或制动蹄片时,要保持活塞、缸套、油道或制动蹄片的清洁;当车辆维修作业完成后,要做好车身内外的清洁,遇有污迹,要擦拭干净;设备、配件要定位堆放,无废弃物。坚持文明生产,既可以为汽车维修从业人员提供一个良好的工作环境,又有利于提高工作效率,有利于提高车辆维修质量。

第四节 遵章守纪 规范操作

人们在职业活动中,总要与他人、与企业、与社会发生直接或间接的联系。为了维持和协调人与人、人与企业、人与社会之间的相互关系，规范和调整人们的职业行为，使人们的工作、劳动、学习和生活得以顺利进行，就要建立起相应的行为准则和规范。在汽车维修职业活动中，遵章守纪、规范操作是汽车维修行业为规范汽车维修从业人员的职业行为而提出的基本道德要求，是汽车维修生产得以顺利进行的根本保证。本节主要介绍遵章守纪、规范操作这一道德规范在汽车维修职业活动中的基本含义、意义与要求。

一、遵章守纪、规范操作的含义

没有规矩，不成方圆。遵章守纪、规范操作是现代企业生产、经营和管理必不可少的重要条件，是最基本的职业道德要求。

1. 遵章守纪的含义

遵章守纪，就是遵守各种职业规章和纪律。职业规章和纪律是一种职业行为准则，它是维护职业活动的正常秩序，保证职业责任的实现，调节职业之间的关系，进行正常职业生活所必须遵守的规矩和准则，是整个社会生活得以顺利进行的根本保证。遵章守纪作为汽车维修从业人员的基本道德规范，就是要求汽车维修从业人员在职业活动中严格遵守国家的法律、法令和有关政策；严格执行汽车维修职业纪律、工艺要求和操作规程；严格执行单位的规章制度、条律条令；服从调度、听从指挥、恪尽职守、诚实劳动，自觉养成良好的职业道德风范。

职业规章、纪律与职业道德既有联系，又有区别，二者相互补充，相互促进，缺一不可。职业规章、纪律是维持职业活动的正常秩序，保证职业责任得以实现的重要手段之一，它是通过行业或企业制定的，具有外在的强制力，靠组织和行政的力量来维护，有专门的机构来检查和保证，靠强制性手段去禁止和惩处违纪行为。而职业道德是人们在从事职业活动时所应遵循的道德规范，它是通过社会舆论形成的。依靠社会舆论、传统习惯、自觉用职业道德约束自己的人，也必然是一个自觉遵守职业规章纪律、具有强烈职业责任感的人，而一个自觉遵守职业规章、纪律的人，一定是一个职业道德高尚的人。通过提高人们的职业道德水平，可以促进人们自觉地遵章守纪；而对那些不讲职业道德的人，通过规章、制度、纪律的强制性约束，会使其逐步养成遵守职业道德的习惯。

2. 规范操作的含义

规范操作，就是按照科学的维修方法和工艺要求，规范地从事汽车维修工作。作为汽车维修职业道德规范的重要组成部分，要求汽车维修从业人员在维修作业中必须严格执行各项技术标准、工艺规范和操作规程，按照规定的维修项目、内容和程序，科学地进行作业。坚决反对玩忽职守、违章操作、偷工减料、粗制滥造等违反职业规章、规范和纪律的行为。保证为车辆送修部门或单位提供安全可靠、性能优良、放心满意的维修服务。

技术标准、工艺规范、操作规程是人们在长期的生产劳动中总结并积累起来的技术经验。对汽车维修行业来说，就是汽车维修的方法。严格执行技术标准、工艺规范和操作规程，是高质量维修车辆的前提和保证，是保持良好的生产秩序，保证安全生产的重要内容，是提高劳动生产率的有力措施，是降低成本的有效方法。

近几年来，随着我国汽车工业和汽车维修事业的迅速发展，为了保证汽车维修质量，国家有关部门和汽车维修行业陆续颁布了一系列汽车综合性能和总成部件的有关技术标准和修理工艺等方面的法规性文件。如国务院发布的《工业产品质量责任条件》的有关规定；国家技术监督局发布的各项汽车修理技术条件、机动车运行安全技术条件、机动车允许噪声及测量方法、汽柴油排放标准及测量方法等；交通部13号令发布的《汽车运输业车辆技术管理规定》；交通部颁布的有关汽车修理技术标准(技术条件);交通部、国家经贸委、国家工商局联合颁布的《汽车维修行业管理暂行办法》;以及交通部发布的《汽车维修质量管理办法》等。同时,各地交通部门汽车维修主管机构也都颁布了相应的文件和规定,并逐步装备了现代化的汽车检测设备,开始对汽车维修行业进行有效地管理和监督。这些法规性的文件对提高汽车维修质量、规范汽车维修市场、科学地从事汽车维修作业提供了可靠的保障,同时也为汽车维修从业人员全面履行规范操作提供了保障。

遵章守纪与规范操作在道德含义上虽有一定区别,但二者密切相关,本质要求是一致的。能够做到遵章守纪的,在职业生活中必然表现出自觉执行汽车维修技术标准、工艺要求和操作规程,以高度的主人翁责任感认真履行职业责任;在职业活动中能够认真履行规范操作的道德规范,必然表现为遵章守纪,自觉遵守各项职业规章和纪律。

二、遵章守纪、规范操作的意义

各种职业纪律、规章制度和工艺规范是根据职业活动的规律和特点提出的,如遵守制度和规范,服从分配,听从指挥,关心集体,勤俭节约,爱护设备,以及不迟到,不早退,不旷工等。它既规定了从事某种职业所应承担的职责和义务,又包含着丰富的职业道德内容。从某种意义上说,职业纪律、规章制度和工艺规范是职业道德的一种特殊表现形式,是从特定的方面表现了职业生活的道德要求。认真遵守和履行这一道德规范,对优质高效地完成汽车维修生产任务具有十分重要的意义。

1. 遵章守纪、规范操作是汽车维修生产特点和规律的反映

任何行业和职业集体,要维护正常的工作秩序,保证劳动生产的质量和效益,都必须依赖于严格的规章、制度、纪律和规范,汽车维修生产更是这样。由于汽车维修工作技术复杂,安全要求高,如果没有严格的规章制度和严明的纪律,没有精密的工艺要求和操作规范,不仅难以维持正常的生产秩序,而且难以保证维修车辆的质量。因此,把遵章守纪、规范操作作为汽车维修从业人员的基本道德规范,不仅是高质量完成汽车维修生产任务所必须的,而且是汽车维修生产特点和规律的反映,是汽车维修行业对从业人员的起码要求。

汽车维修主要特点是具有服务性、协作性、时效性、安全性和规范性。这些特点要求汽车维修从业人员在工作中必须具备遵章守纪、规范操作的良好职业道德。从服务性来看,全心全意为用户服务是汽车维修职业者最基本的行为特征,要做到全心全意为用户服务,事事为用户着想,处处为用户提供方便,就必须严格约束自己的行为,遵守各项规章制度和职业纪律,坚决反对和抵制以职谋私,以业谋私,损害用户利益的不道德行为。

2. 遵章守纪、规范操作是安全运输生产的客观要求

与社会上其它行业相比,汽车运输业的特殊性在于肩负着确保国家财产和人民生命安全的重任。在这方面汽车维修从业人员负有至关重要的责任。

首先,汽车维修人员的工作态度、工作质量与汽车的技术指标、使用性能、安全系数有着非常密切的关系。在汽车维修过程中,影响维修质量的因素很多,但其中一个非常重要的原因就是维修人员无视劳动工作纪律,不遵守工艺规范,违章操作所致。如有的修理人员不按规定修理维护车辆,随意漏项或降低标准;有的维修人员不按工艺要求调整部件,装配不符合技术标准,使用零件不合质量要求等。这些行为都会加速机件的疲劳、磨损或损伤,降低汽车的使用性能,减少汽车的使用寿命。

其次,遵章守纪、规范操作是建立良好汽车运输秩序的需要。良好的汽车运输秩序需要车

站服务、车辆驾驶、车辆维修三个环节和几十个职业岗位的密切配合与协作,任何一个环节出了问题,都有可能影响到汽车运输的服务质量。如果汽车维修人员不遵章、不守纪,任意拖延工期、偷工减料,维修的车辆不能按时投入营运,就会造成汽车运输生产的混乱甚至停驶。

3. 遵章守纪、规范操作是端正行业风气,实现优质服务的需要

汽车维修每天都要跟社会上各行各业的汽车用户打交道。汽车维修人员工作态度和工作质量的好坏,不仅直接作用于服务单位和车主、客户,而且对整个社会风气产生巨大的影响。汽车维修从业人员自觉遵章守纪,做到廉洁奉公,不谋私利,运用手中的修理技术,为汽车用户提供优良的维修服务,树立起良好的职业形象和行业风气,就可以促进良好行业风气的形成,就有助于整个社会风气的不断好转。反之,汽车维修人员不遵章、不守纪、违反操作规程,以职、以业谋私,就会严重败坏行业风气和维修人员的社会形象,并对整个社会风气造成不良影响。

虽然长期以来,绝大部分汽车维修企业的从业人员都能自觉遵章守纪,规范操作,严于律己,不谋私利,但也确有少数从业人员存在着违章违纪和以权、以业、以职谋私的现象。有的修理人员上班不出力,拿企业的工具、材料、配件干私活,搞地下修理厂;有的修理人员采用请客、送礼、给回扣等做法,引诱、拉拢一些贪图小利的驾驶员或汽车用户送车来修,然后抬高工价或降低维修质量;有的修理人员对驾驶员或客户采取故意拖延时间,人为制造故障的方式,接受用户的请客送礼,甚至公然向客户索要好处费或辛苦费;还有的修理人员不按操作规程办事,存在着野蛮修理、违章操作、偷工减料、玩忽职守等行为。这些现象和问题,虽然在少数人身上,但严重影响了行业声誉和企业形象,给汽车维修企业造成了极为恶劣的影响(图 3-16)。

图 3-16

上述不正之风的产生,固然有社会环境和企业管理等方面的原因,但主要还是少数汽车维修从业人员缺乏职业道德和修养,缺乏全心全意为用户服务的精神。因此,大力提倡遵章守纪、规范操作的道德信念,是端正汽车维修行业风气,实现优质服务的需要,是加强汽车维修行业行风建设,形成良好职业道德风尚的重要手段,是维护国家和人民利益、树立汽车维修从业人员良好社会形象的保证,是维护工作秩序,实现汽车维修职业责任的重要前提。

三、遵章守纪、规范操作的基本要求

良好的职业习惯不是天生就有的,也不可能在一朝一夕形成,它需要人们在长期的职业实践中自觉地、有意识地逐步培养。

1. 努力提高自觉遵守职业规章和纪律及认真履行职业责任的自觉性

职业责任是指从事职业活动的人必须承担的职责和任务。它往往是通过具有法律和行政效力的职业章程或职业合同来规定的,能不能履行职业责任,是一个职业工作者是否称职、能

否胜任的问题。职业规章和纪律是维持职业活动的正常秩序，保证职业责任得以实现的重要手段，它一般表现为条令、条例、守则、规章制度、工艺要求、操作规范等，是人们在从事职业活动时必须遵守的行为规范和准则。

要做到自觉遵守职业纪律，认真履行职业责任，必须做到：

(1)加强纪律观念和法制观念，认真学习有关的法律、法规和规章制度。只有经常学习国家的有关法律政策，了解单位的规章制度，懂得汽车维修从业人员应有的权利和义务，才能更好地履行自己的职责。在学法、知法、懂法的基础上，还要自觉地用法和守法。因为国家的法律条文、单位的规章制度和纪律都是有目的、有针对性地制定出来的行为规范，如果学而不用或明知故犯，那我们的行为就会失去制约，就会犯错误。

(2)自觉遵守职业规章和纪律。按时上下班，有病有事必须请假，上班时间不干私活，不做与本职工作无关的事情；服从安排，听从调度，领导安排的工作不得无故拒绝，不挑肥拣瘦，不讨价还价；坚守工作岗位，遵守操作规程，不违章作业；改进服务态度，提高服务质量，不与车主争吵。

(3)正确处理纪律与自由的关系。遵章守纪，体现了汽车维修从业人员履行职业责任的劳动态度。也许有人认为强调了纪律，就没有了自由。其实，纪律和自由是紧密相连，不能分开的，是对立的统一。我们提倡的自由，是建立在客观规律基础上的自由，不是取消纪律，不要一切约束的自由。在现实生活中，不受任何限制，不受任何约束的自由是不存在的。对那些有损于公众利益的所谓“自由”，纪律确实是一种限制和约束力量，这种限制和约束是必要的，因为它最大限度地保证了大多数人的自由。我们不难想像，当车辆维修时，若不讲劳动纪律，你八点上班，他九点钟到；你想干活，他想休息，结果是无法进行正常的生产作业。如果没有纪律的约束，每个人只顾自己的个人自由，不顾别人的自由，其结果必然是你妨碍了他人的自由，反过来，他人的自由又限制了你的自由，闹得大家都没有自由。所以，那种把自由与纪律对立起来的观点，那种只要自由，不要纪律的观念，无论在理论上还是实践上都是站不住脚的，也是十分荒谬的。

我们只有通过不断地增强法制观念和纪律观念，自觉遵守各种规章和纪律，认真履行职业责任，并将其作为自己的道德义务，才能逐渐养成遵章守纪、规范操作的良好职业道德习惯。

2. 建立健全各项规章制度，促进遵章守纪、规范操作良好风气的形成

(1)认真执行交通部门现有的各类政策、法令、法规、规章制度和劳动纪律。随着对汽车运输客观规律的认识，我们已陆续建立和制定了一系列有关汽车维修的法令法规、管理规定、技术标准、操作规程、工艺规范、工作岗位责任制、劳动纪律、作业纪律和服务公约等。这些政策、法令、规章和纪律，对每一个汽车维修从业人员，提出了具体的职业行为要求，我们要认真学习，坚决执行，并以此来规范自己的职业行为。

(2)进一步建立和健全汽车维修行业行之有效的管理制度和行规行约。要针对汽车维修行业风气建设上存在的问题，修订或废除不合理的规章制度，加强有利于社会、群众公开进行监督的制度，健全各种奖惩制度，促进遵章守纪、规范操作良好行业风气的形成。

(3)自觉做到两个正确对待。一是正确对待职业特权。当前各行各业都存在少数人以业谋私、以职谋私的情况。汽车维修从业人员掌握的修理技术在一些人看来也是一种职业特权。有些车主和修车单位为了维修快一些、方便一些，除招待修理人员吃喝外，还要赠送礼品或辛苦费，其中有的是出于自愿和善意，有的则是迫于无奈。有的个体客户修车，明确告诉修理人员用现金支付，不要发票，示意少收修理费，双方图个“实惠”。在这些机会面前和客观环境下，

我们汽车维修人员要正确对待手中的特权。我们使用的维修设备和工具是国家和企业交给我们的劳动工具,我们掌握的维修技术是为人民服务的手段。我们只有用它为汽车用户、为企业、为国家增加经济效益的义务,而没有用它"卡"车主、客户而为个人谋取不正当收益的权利。即使是个体修理厂,也要通过诚实的劳动来获取正当的收益,而不能靠欺诈勒索客户来发财致富。因此,汽车维修从业人员在职业特权面前一定要保持清醒的头脑,经受住市场经济的考验,用好手中的技术,为国家和企业多做贡献,同时为自己挣得更多的正当收入(图 3-17)。二是正确对待职业方便。因为有职业上的方便,亲朋好友修车往往有求于汽车维修人员,诸如要求少收或不收修理费,索要汽车零配件等。满足了亲朋好友的要求,则违反了规章制度和维修纪律;反之,就可能得罪亲朋好友。怎么办?现实生活中确有少数维修人员不按规章办事,甚至有个别人员为亲朋好友开后门提供方便,严重违反了职业纪律。因此,汽车维修人员必须摆正集体和个人的位置,忠于职守,按章办事,不徇私情。对亲朋好友做好劝说解释工作,实在拉不下情面,主动替他们补票付钱。在坚持原则的条件下合情合理解决个人或亲朋好友的一些实际困难(图 3-18)。

图 3-17

3. 严格遵守汽车维修技术标准和工艺规范

汽车是由许多零件有机地组合在一起的,它们之间有着严格的配合关系。当某一部件调整不当或损伤、或错位,就会直接影响汽车的正常运行。因此,遵章守纪、规范操作,严格遵守汽车维修技术标准和工艺要求是遵章守纪的具体表现,也是保证汽车维修质量的重要前提。近年来,为了确保汽车维修的质量,汽车维修行业根据长期的工作实践,总结制定出了一系列技术规范、操作规程等方面的标准和要求。比如,车辆技术管理规定中对车辆维护应贯彻预防为主,强制维护的原则,并规定了车辆维护作业的内容主要是清洁、检查、补给、润滑、紧固与调整等。除主要总成发生故障必须解体时,不得对其进行解体。对车辆修理应贯彻视情修理的原则,即根据车辆定期检测诊断和技术鉴定的结果,视情况按不同作业范围和深度进行,坏啥修啥,既要防止拖延修理造成车况恶化,又要防止提前修理造成浪费。这些原则和规定都是为了一个目的,就是向汽车用户提供技术性能良好、经济优质的车辆。要达到这个目的,需要维修工自觉地严格按照工艺要求去完成每项作业,否则很难达到预期目的。如:在车辆定期进行检测诊断时,要按要求认真检测以确定合理的维修范围;在维护车轮时,如半轴套管螺纹损坏,如果不进行修复或更换,就有可能导致车轮飞出的严重事故;在调整气门脚间隙时,必须按规定调到标准间隙,间隙过大,车辆在行驶中会产生异响,间隙过小,将会影响发动机动力,而且浪费燃料;在维修制动系统时,必须使制动蹄片与制动鼓调整到标准规定,如果间隙过小,行驶中产生的磨擦将使制动鼓发烫,影响车辆的动力性和滑行性,间隙过大,制动效能就达不到要求,影响行车安全,如此等等。这就需要每一个汽车维修从业人员自觉按照工艺要求去完成各项作业,并以此规范自己的行为,指导自己的行动(图 3-19)。

汽车维修从业人员在从业过程中,要做到遵章守纪,规范操作,必须做好以下 3 方面的工作:

图 3-18

图 3-19

(1)要熟悉、了解和掌握各项规章制度、技术标准、工艺要求和操作规范,正确使用工装器具、仪表及专用设备,以增强照章办事的自觉性。近年来,国家有关部门和汽车维修行业陆续颁布了一系列有关汽车修理技术标准和工艺要求等方面的法规性文件,各修理企业也都先后制定了一系列涉及职业纪律等方面的规章制度和岗位职责。这就要求每一个从业人员必须认真学习、了解和掌握这些规章制度的具体内容,使它不仅写在纸上、挂在墙上,更重要的是装在维修人员的心里,并把它变成具体的职业行动(图 3-20)。

(2)要努力培养遵章守纪、规范操作的良好职业素质和习惯。一方面要努力培养按照操作规程和规章制度办事的自觉性;另一方面要强化执行技术标准、修理工艺和各项规章制度的严肃性。如在维修过程中,各部门间隙调整一定要严格按照技术标准进行;保证在极为清洁的条件下进行装配,待装件必须清洁,零件工作表面避免毛刺、锈蚀和其它附着物;严禁用铁锤和铁制冲头在零件上直接锤击,不得乱扔、乱摔,预防零件磕碰致伤;各部螺纹的装配不得漏装弹簧垫圈、开口销及其它锁紧件或止动件,并按规定力矩拧紧;所有承受扭曲、拉力、压力及冲击负荷较大的零件,必须经过探伤检查,有用磁力探伤后应彻底退磁;待装的各种零件、材料性能一定要符合技术条件的要求,合格后方可装车等(图 3-21)。

自觉遵守维修技术标准和工艺要求是确保维修质量,提高企业经济效益的强有力保证,这就要求我们每一个汽车维修从业人员自觉培养遵章守纪、规范操作的自觉性,用诚实的劳动对待维修工作,在任何时候、任何情况下都按章办事,养成良好的职业习惯。

(3)从认真执行到有所创造。汽车维修技术标准、工艺要求和各项规章制度是每一个从事汽车维修职业的人必须认真执行的基本规范和要求,但它本身也有一个不断充实完善的过程,这就要求我们每一个汽车维修人员在职业实践中以高度的主人翁责任感,以科学严谨的工作态度,以务真求实的精神,不断完善各项制度,使其有所发展,有所创新。

4. 遵守劳动纪律,维护生产秩序

汽车维修是一项劳动力密集型的生产活动,其生产过程中各个环节的衔接,各工种的协

图 3-20

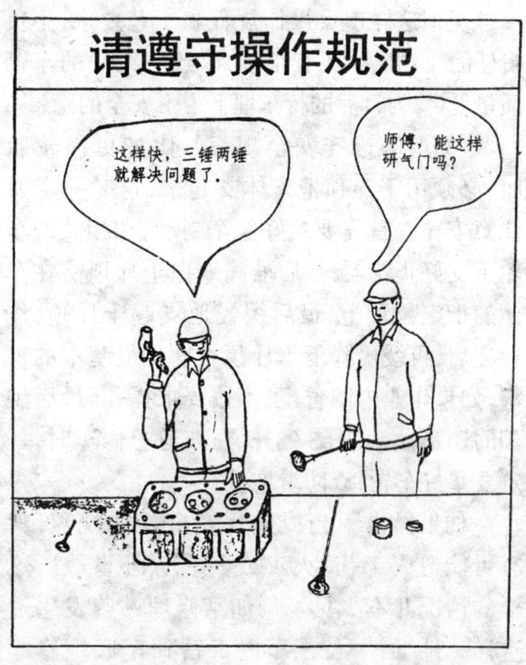

图 3-21

调，主要依靠人们的行为联系。规章制度是汽车维修企业为维护正常的生产秩序而对从事汽车维修职业活动的人们提出的带有强制性的行为规范。这种带有强制性的行为规范在汽车维修企业中主要表现为劳动纪律。这些纪律和规章制度的实施，不仅要靠组织和行政力量来保证，更重要的还要靠从业人员内在的信念加以支持。可见，用必要的劳动纪律约束职工的行为，既具有某种外在的强制性，又反映了道德规范对人们行为的调整作用。因此，自觉遵守劳动纪律和各项规章制度，维护生产秩序，便成为对广大汽车维修从业人员的一种道德要求。

(1)遵守工作时间，服从生产指挥和调配。遵守工作时间，是保证生产正常进行的基本条件；服从生产指挥调配则是协调整个生产的必要条件。汽车维修从业人员在规定的劳动时间内，要精力集中，全神贯注地把全部劳动时间用于规定的生产和工作之中，这是遵守劳动纪律的道德要求。如果上下班不按时，交接班不准时，实际工作不够时，或者不服从指挥调配，在车间里东游西荡，凑在一起闲聊天，甚至在生产时间干私活、脱岗、旷工，必定会影响生产的正常进行，造成生产秩序的混乱。因此自觉遵守劳动时间，服从指挥调配，是汽车维修从业者必须遵守的职业道德品质。

(2)严格遵守技术操作规程。每一个维修企业的劳动纪律都强制性地规定了从业人员必须严格按照操作规程和工艺标准要求进行作业，这是保证汽车维修质量的前提。如果一个人在一道工序上违反了技术操作规程，不符合维修工艺的标准要求，就有可能使整个维修工作的质量受到影响，甚至造成灾难性后果。如某市曾发生过这样一起交通事故：一辆刚经过维护的汽车，在行驶中转向节断裂，方向失去控制，翻于沟中，造成三死一伤的重大事故。经事后调查，是由于修理工在维护中没有检查已疲劳裂纹的转向节所致。也有少数维修人员，只要技术人员或班组长不在，劳动纪律就不那么强了，该洗的零件不洗，该用专用工具的不用，该检修的关键部位不检修，工作马虎，敷衍了事。有的修理工换钢板销子、钢板套，连上面的腊皮都懒得去烫掉；黄油嘴拧不上也不去攻丝，而用钳子一夹，一锤子打进去了事，还称为“绝招”；哪里出现了漏油就抹上黄油堵；维护漏项、达不到标准等等(图 3-22)。

类似这样违反操作规程和工艺要求,不负责任的“小招数”还有很多,以致于维修的车辆质量低劣,为日后的行车埋下了不安全的隐患。

(3)严格遵守安全规程。比如更换轮胎时,必须用千斤顶把车体支起来,这时一定要注意安全。首先要拉好停车制动,在相关的车轮下支好止轮器,然后准确地把千斤顶支在车体的指定位置上,最后缓慢地支起千斤顶,作业完后,再缓慢降下千斤顶。这是最基本的要求,如果作业中图省事,不按要求操作,最后倒楣的还是自己(图 3-23)。在坡道上修车时,一定要垫好车轮,以防滑坡(图 3-24)。

图 3-22

如果操作不当或违反安全操作规程,就有可能造成工伤、火灾或其它意外事故。这样的情况并不少见。例如某修理站曾发生过这样一件事:一位汽车电工钻到车底维修起动机,这时汽车手制动没有拉紧,变速器放在倒档上,车轮上也没有垫三角木,该电工横卧于前轮后端,由于修理中不慎接通起动电源,起动机运转带动发动机,使车轮转动,前轮从该电工胸部压过,造成四根肋骨骨折。还有一位电焊工,由于违章操作,在修补没有完全清洗干净的汽油箱时,没有采取任何防护措施,致使油箱突然爆炸,不仅本人当场死亡,由此引发的火灾还把被修车辆和部分车间厂房烧毁。由此可见,如果违背了安全条例,其结果往往不是一个人的不幸事故,而且还会引起很多人的灾难,并使

图 3-23

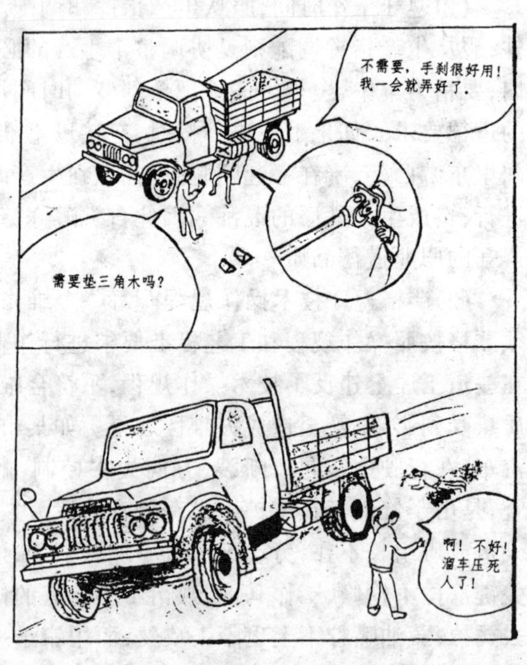

图 3-24

国家和集体的财产遭受重大损失。

汽车维修人员在进行操作时,一定要按照安全制度的规定做到安全操作。因为汽车维修作业要和车辆、机器设备、汽油、电力设备、物资打交道,操作中有时还要接触乙炔、高压氧气等易燃易爆物,严格遵守安全操作制度就显得尤为重要。比如,你在车底下进行检修时,必须在驾驶室或转向盘处挂上“车下有人”的明显标记牌;在检修电路系统时,必须切断电源;用电焊或气焊焊接时,远离易燃物品或采取必要的安全防护措施;在发动机发动下工作时,应注意衣服、领带等物,不可靠近旋转的东西;使用千斤顶顶车时,绝不可在车辆下方工作,应使用顶车架固定车辆;不要让点燃的香烟或火焰等接近燃料及与燃料有关的部分和电瓶。车修好后,必须按规定试车(图 3-25)。

由此可见,遵守劳动纪律,自觉维护生产秩序不仅关系到个人的利益,也直接关系到企业、集体的利益。我们每个汽车维修从业人员都应树立牢固的劳动纪律观念,人人争做遵守劳动纪律、维护生产秩序的模范,在维修工作中认真负责,切实清除麻痹思想、马虎态度和侥幸心理。在实际工作中,通过每一件小事来培养自己遵章守纪、规范操作的良好职业习惯和美德。

图 3-25

5. 坚持原则,敢于同违章违纪违法行为作斗争

抵制行业不正之风,要从 3 个方面来努力:

(1)提高自身素质。抵制行业不正之风,首先要自己站得正,立得稳。在当前,部分汽车维修人员中存在一种随大流现象,有的维修人员虽表现良好,也能遵章守纪,但当看到其他人以职以业谋私,而且多次获利,单位也没发觉或没有制止或管理不严、处罚不重,也就动了心,认为别人捞,自己不捞就吃亏了。在工作中一旦遇到时机,也就照样干了起来。导致不正之风愈演愈烈,因此,从业人员必须提高自身的思想道德素质,培养遵纪守法的自觉性,不断提高个人修养,增强抵御行业不正之风的能力。

(2)消除糊涂观念。有些维修人员自身作风过硬,既能安全优质地完成维修生产任务,也能遵纪守法,廉洁奉公。但对身边的不正之风睁一只眼闭一只眼,不闻不问,怕影响了同志团结,得罪了同事同行,存在“事不关已,高高挂起,明知不对,少说为佳”的糊涂认识。这种想法既有害于犯错误的人,有损于国家集体的利益,也有悖于自己的主人翁地位。因此,汽车维修人员必须对行业不正之风产生的危害有足够的认识。行业不正之风既损害企业形象,降低服务质量,损害用户的利益,又影响职工队伍内部的团结,腐蚀职工队伍。只有充分认识行业不正之风的危害,认识建设良好行风的重要意义,才能消除糊涂观念,对不正之风态度明朗,敢于揭露,坚决抵制。

(3)采取正确的方法。犯有违章违纪、以业谋私、玩忽职守等错误的人员,一般都属于人民内部矛盾,要敢于揭露,坚决抵制,并采取有效措施,狠抓工作责任制,强化道德教育和日常管理。除了经济处罚、行政处罚等手段外,还要广泛运用道德评价,舆论监督等手段。从业人员之间要做好帮教工作，对犯错误的同志晓之以理，动之以情，帮助他们认识不正之风的危害性，正确处理国家、集体和个人三者的利益关系。只要每一个汽车维修从业人员认真遵章守纪，克己自律，忠于职守，规范操作，廉洁奉公，并自觉抵制各种不正之风，就一定能在整个汽车维修行业形成一个文明健康的良好行业风气。

6. 从遵守校纪校规做起，培养遵章守纪，严于律己的职业习惯

一个人的良好习惯不是一朝一夕能养成的。"冰冻三尺，非一日之寒"。校纪校规从整体上说是维持教学秩序的保证。作为学生，如果在校期间就能养成遵章守纪，严于律己的良好习惯，将来从事汽车维修职业后，也一定能有遵章守纪的自觉性。如果管理不严，违纪不纠，在学校中形成自由散漫、随心所欲、无法无天的坏习惯，一旦走上工作岗位，就有可能违纪违法，甚至走上犯罪的道路。

学校不是处在真空之中，汽车维修行业好的或不好的风气都会传到学校。有些修理专业的学生，在校学习不认真，混一个及格算了事，对所学的知识一知半解。这样的人即使今后走上汽车维修岗位，又怎么能做好工作呢？所以，加强职业道德教育与学习，不仅是在岗人员的事，也是汽车维修专业在校学生的事。只有努力培养道德感情，确立道德观念，逐步养成努力学习，忠于职守，遵章守纪，廉洁奉公，规范操作的良好道德品质，才能把自己培养成一名合格的汽车维修人员。

汽车维修专业的在校学生，不仅要学好专业知识，掌握过硬的本领，还要自觉遵守校纪校规，培养良好的道德情操，争取将来成为一名遵章守纪，忠于职守，廉洁奉公的优秀从业人员，接好汽车维修事业的班。

第五节　顾全大局　团结协作

顾全大局、团结协作是社会主义条件下正确处理职工之间、工种之间、部门之间、与社会各行业之间、与社会其他成员之间的有关个人利益与集体利益、局部利益与整体利益、眼前利益与长远利益等关系的基本道德规范，也是社会主义集体主义道德原则在汽车维修职业活动中的体现。本节主要介绍顾全大局、团结协作的含义、内容、意义及具体要求。

一、顾全大局、团结协作的含义与内容

1. 顾全大局的含义与内容

大局，即全局。全局是指事物发展的整体及其发展的全过程。局部是指事物的某个部分、某个方面或事物发展的某个阶段。全局和局部是辩证统一的，是矛盾的两个方面，全局由各个局部组成，但不是各局部的简单总和，它高于局部，并对局部的发展变化起重要的决定作用。局部虽然相对于全局处于次要的、从属的位置，但局部的发展变化反过来也影响着全局，大量的局部变化的积累，就会使全局发生质的变化。因此，顾全大局，是社会主义集体主义道德原则在汽车维修职业活动中的体现。它要求在处理维修行业与社会、行业内部和单位内部各部门、各职业岗位之间的相互关系时，要自觉地把整体利益放在首位，局部利益要服从整体利益，其主要内涵是：

(1)整体利益高于局部利益。改革开放以来，我国的经济有了很大的发展，综合国力显著增强，人民的生活水平明显提高。但在这个过程中，也出现了一些新的矛盾和问题，比如有的地方、部门或企业过多地考虑局部利益，全局意识淡化，甚至出现上有政策、下有对策、有令不

行、有禁不止的现象，对全局工作造成了一定的影响。对此，江泽民同志反复强调：我们既不允许存在损害国家全局利益的地方利益，也不允许存在损害国家全局利益的部门利益。在社会主义制度下，国家利益就是全局、整体利益，而个人利益和部门利益对于国家来说则是局部利益。整体利益高于局部利益，个人利益要服从集体利益。我们任何时候都要把国家的整体利益、长远利益、集体利益放在首位。当国家、企业、个人三者利益关系出现矛盾时，个人利益必须服从企业利益，企业利益必须服从国家利益，绝不能离开国家的整体利益、长远利益和集体利益来谈局部的个人利益。因为国家利益、集体利益是个人利益的根本所在，有国家利益、集体利益才会有个人利益，否则就不可能有个人利益。因此，只有做到整体利益高于一切，个人利益服从国家、社会、集体利益，这才符合顾全大局的职业道德原则。

(2)把集体利益和个人利益结合起来。集体主义原则强调国家的整体利益，决不是要否定个人利益或局部利益，相反，社会主义国家在发展生产的基础上，要尽可能地把国家、集体、个人三者利益很好地结合起来，并在集体主义原则指导下，关心、照顾、重视个人利益。因为整体利益是由各个局部利益构成的，离开了各个局部利益，整体利益也就不复存在。没有集体利益就没有个人利益，没有个人利益也就无所谓集体利益。所谓"大河无水小河干"，"小河无水大河枯"。二者是相辅相成的。我们既不能单讲国家利益而无视集体和个人利益，也不能片面强调个人或小团体利益而违背国家和集体利益，应该在保证国家和集体利益的前提下，照顾和保障个人的正当权益，把国家利益、集体利益和个人利益有机地结合起来。社会主义建设的根本目的就是最大限度地满足人民日益增长的物质文化生活需要，我们在任何时候都不能忽视劳动者的个人物质利益。个人物质利益的实现，直接关系到劳动者的积极性。损害劳动者的个人物质利益，劳动积极性就会受到挫伤。我们必须按照统筹兼顾的原则调节好各种利益的相互关系，形成把国家和人民的利益放在首位而又充分尊重公民个人合法利益的社会主义义利观，既要有体现全局利益的统一性，又要有统一指导下兼顾局部利益的灵活性。

(3)当个人利益与集体利益相矛盾时，个人利益必须绝对服从集体利益。社会主义制度的建立给集体利益与个人利益的一致性提供了客观条件，但在社会主义制度下仍存在着个人、集体和国家三者之间的利益矛盾。集体主义原则要求人们必须把国家利益、集体利益放在第一位，个人利益必须绝对服从国家与集体利益，局部利益服从整体利益，必要时，甚至不惜牺牲个人的、局部的利益，去维护、捍卫集体、国家的利益。

2. 团结协作的含义与内容

团结，是指为了集中力量实现共同理想或完成共同任务而联合或结合。协作，是指若干人或单位互相配合、协调完成某项工作。社会职业的分工是社会经济发展的结果，但任何职业的分工都不是绝对的，分工与合作是对立的统一。有分工，就要有协作，分工协作是社会化大生产的客观要求，两者互为前提，互相依存。

团结协作就是要求我们从社会主义现代化建设的目标出发，树立集体主义观念，努力使人与人之间，不同职业之间，单位与单位之间形成相互支援、相互配合、相互尊重、相互理解、团结互助的局面。其具体内涵是：

(1)行业、部门、车间、班组之间要相互支持，密切配合。在现代企业内部，处理好分工与协作的关系，是一个十分重要而又现实的问题。汽车维修行业的工作，需要各方面的协调配合才能完成。对汽车维修来说，由于采取流水作业，连续性很强，哪个部位、工种出现"卡壳"，都会影响到汽车的在库时间，进而影响到整个生产计划的完成。所以，企业内部必须实行生产指挥上的高度集中和统一领导，各项工作之间必须做到团结一致，互相配合。如上一道工序要为下一道工序提供方便;辅助班组要为主修班组提供方便。

(2)要搞好企业,关键在于人。要处理好上下级、同事之间的关系,互相尊重,互相支持。

(3)要提倡先人后己,克己让人的好风格。企业就象一个大家庭,需要各成员之间互相关心,互相爱护,互相帮助。这也是培育全局意识和团结协作精神的重要环节。比如对年老体弱的人员,在工种上给予适当调整,对有特殊困难的人员,在班次安排上给予适当照顾。如果广大维修从业人员都能在这方面做出一些努力,企业就一定会充满温暖和活力。

二、顾全大局、团结协作的意义

顾全大局、团结协作是社会主义集体主义原则在汽车维修职业活动中的具体体现,也是汽车维修职业道德的基本原则在汽车维修领域中的客观要求。这一道德规范对调整和规范汽车维修人员的职业行为具有十分重要的意义。

1. 顾全大局、团结协作是社会主义道德原则的基本要求

在集体生活中,衡量一个人的品质是卑劣还是高尚,主要看他是否摆正了个人与集体的位置。在我国,建立在社会主义制度上的人与人之间的关系,职业与职业之间的关系,本质上是团结互助、相互尊重的关系。在社会主义社会,人们从事的职业虽然不同,但是共同利益和目标是一致的。这种共同的利益和目标就是加快发展社会生产力,努力提高综合国力,不断改善人民生活,把我国建设成富强、民主、文明的社会主义现代化国家。正是这种共同的利益和目标,为顾全大局、团结协作道德规范的实现奠定了牢固的基础。

之所以必须提倡顾全大局、团结协作的道德规范,还在于它是现代化社会大生产和社会主义市场经济的客观需要。随着现代社会化大生产和社会主义市场经济的发展,社会生产分工越来越细,劳动专门化程度越来越高,人们之间的联系越来越紧密,这就决定了任何一种职业职责的实现,都不是由他们独自完成的,它需要各行各业各部门及各工种间的共同协作和努力。

2. 顾全大局、团结协作是汽车维修行业生产特点的客观要求

汽车维修作为汽车运输行业中最重要的后勤保障部门,担负着各种车辆的维护和修理任务,是我国交通运输整个链条上不可缺少的重要环节。只有使各种车辆得到及时的维修,保证车辆的技术性能得到充分的发挥,才能使整个公路交通安全畅通,才能保证社会生产和生活各个链条的正常运转。因此,汽车维修从业人员必须与交通行业其它部门的从业人员一起,树立全局观念,从国家的全局出发,在职业活动中调整好自己的经营方向和经营手段,在整个社会生产和生活中发挥积极的作用,促进国民经济和汽车运输事业的健康发展。

从汽车维修行业的特点来看,其生产过程处处体现着协作精神。在维修生产过程中,不仅要处理好维修人员与客户、管理人员、后勤服务人员的关系,还要处理好部门之间、厂与厂之间、车间之间、班组之间、工种之间的各种关系。要完成一辆车的维护、修理,需要各工种、各岗位上的维修人员密切配合、共同努力。

3. 顾全大局、团结协作是社会效益与经济效益相统一的必然反映

企业的效益主要包括社会效益和经济效益两部分。企业的社会效益主要表现在企业服务于社会以后,社会各方面对企业的评价和企业在社会中的声誉及社会地位,是企业良好信誉之所在,是企业生存和发展的前提。企业的经济效益是指企业上缴利润和税收以后余下的纯收入,是企业经营效果的反映。汽车维修企业的经济效益是指在保证车辆技术性能的前提下,不断降低成本,扩大服务,增加企业盈利。汽车维修企业的社会效益,是指能防止经维修的车辆

在使用过程中发生任何机件责任事故,树立企业良好的社会形象。正确认识和处理社会效益与经济效益的关系,坚持经济效益与社会效益相统一,经济效益服从社会效益的原则,是社会主义汽车维修职业道德的必然要求。

在社会主义市场经济条件下,社会效益与经济效益是全局和局部的关系,社会效益主要反映了国家、社会和人民的需要,如城市的公共交通车、定点班车,有时只有一二个乘客,应该说没有经济效益,但还得正点开。有些维修项目,费工费时,挣钱又少。我们既不能因为其利润低、工作量大,就拒绝不干,更不能把那些社会效益大,而企业经济效益相对差一些的工作就拒之门外。经济效益与社会效益这一对矛盾,必将长期存在。只有确立全局观念,发扬顾全大局、团结协作的精神,才能将经济效益和社会效益有机地结合起来。

一般情况下,经济效益和社会效益是一致的、统一的。只有当我们服务于社会时,才会产生企业的社会效益,得到来自社会各方面对企业的评价,使企业在社会上获得应有的地位和声誉。企业通过服务于社会,必然产生一定的经济效益,企业在社会上的评价愈高,信誉愈好,其经济效益必然愈好,二者是相辅相成的。因此,只有社会效益好了,才能谈得上企业效益,如果社会效益不好,企业效益也就无从谈起,即使暂时不错,也不会长久。

坚持社会效益与经济效益相统一,就要求我们汽车维修企业的每一个从业人员,自觉把全局和社会效益放在首位,绝不能只顾追求企业效益,而忽视和损害全局利益。为了社会效益要勇于牺牲本部门、本单位的一些局部利益,甚至"赔本"也要维护整体利益。

4. 顾全大局、团结协作是树立服务思想的客观需要

从汽车维修的活动形式来看是生产性的,而其本质特征是服务性。既然是服务性的行业,必然提倡"服务为本、用户至上"的服务思想。这就要求汽车维修从业者把用户的利益放在首位,事事为用户着想,处处为用户提供方便。要使服务用户的思想落到实处,没有顾全大局、团结协作的道德规范来约束是不行的。在当前改革开放的伟大变革时期,人的各种思想异常活跃,前一时期,有人提出了"主观为自己,客观为别人"的论点,说什么一切事情出发点是为自己,只要把自己的事办好了,客观效果就会对他人有利。这是一种错误观点,它为损人利己的个人主义披上了一件合法的外衣。抱有这种处世哲学的人,待人处世势必以"小我"为核心,当个人利益与他人、集体利益发生矛盾时,他绝不会牺牲个人利益去维护他人和集体的利益。对这种人来说,"主观为自我"是真的,是目的;"客观为别人"则是假的,是对不良动机与行为的一种掩饰。

当然,提倡"服务为本、用户至上"的服务思想,并不是否定一切个人需要、个人意愿、个人利益,而是说在服务工作领域,使整个社会形成"我为人人,人人为我"的良好风气,进而推进整个社会的道德水准向纵深发展。

三、顾全大局、团结协作的具体要求

顾全大局、团结协作是社会主义条件下处理整体与局部、局部与局部之间相互利益关系的基本原则,也是社会主义集体主义道德原则在汽车维修职业活动中的具体体现,它要求我们每一个汽车维修从业人员在处理汽车维修行业与社会、行业内部或单位内部各部门、各岗位之间的相互关系时,要自觉把整体利益放在首位,牢固树立顾全大局、团结协作的道德意识,并以此来规范、调节汽车维修行业内外的各类关系,形成良好的职业道德风尚。

1. 正确认识和处理全局和局部的关系

交通从业人员所在的每一个部门,或每一个部门相对于全国交通系统,或交通系统对于整

个国民经济来说，都只是一个局部。在交通运输生产中，每个从业人员都在一个特定的单位或部门工作，由于工作环境的局限，在考虑和处理问题时，往往容易从本单位或本部门的角度出发，而忽略了全局和整体。正确认识和处理整体与局部的关系，就要求我们每一个交通从业人员必须树立整体观念、全局观念，识大体、顾大局。

汽车维修行业作为汽车运输业的后勤保障部门，维护修理好现代化的交通工具——汽车，为车主和用户提供优良的维修服务，保证汽车客货运输畅通无阻，就是顾全大局的集中表现。这就要求我们每一个汽车维修从业人员正确认识自己的使命和责任，处理好全局与局部的关系，坚持一切从现代化建设的全局出发，从汽车运输生产的要求出发，增强团结，加强协作，为全面履行汽车维修人员的道德与义务做出贡献。

2. 正确认识和处理经济效益与社会效益的关系

可口可乐公司的一位总经理曾说过这样的话，即使某一天因为天灾，该公司所有的厂房被毁坏，他们也可以在第二天以品牌的信誉，在国际金融市场上筹到足够的资金，来重建一个新的可口可乐公司。可见，信誉、社会效益是企业的无形资产，是在多次交换过程中形成的消费者对商品生产经营者的一种信赖关系，它体现了价值实现中企业经济效益与社会效益的统一。如果说经济效益是企业的生存之本，那么社会效益则是企业的发展之道。

坚持经济效益与社会效益相结合，关键在于提高汽车维修服务的质量。产品质量的高低、服务质量的优劣，直接影响着用户的实际利益、人们的正常生活秩序和社会的安定。汽车维修作为社会维修的一个组成部分，既是直接为汽车用户服务，又是直接为社会生产和人民生活服务。高质量的维修和服务，合理的收费，必然为企业带来良好的信誉和社会效益，而良好的信誉和优质的服务又必将吸引大量的车源和客户，从而促进企业经济效益的提高。所以，千方百计维护用户的利益，保证维修质量，提高服务信誉是汽车维修企业赢得良好社会效益和经济效益的关键所在。宁可自己多麻烦，也不让质量有丝毫影响，企业宁可减少经济效益，也要提高车辆维修质量，保证社会效益。

坚持经济效益与社会效益相结合，必须把企业的眼前利益与长远利益结合起来。在社会主义条件下，汽车维修企业和从业人员的长远利益和眼前利益根本上是一致的，归根到底是统一到社会主义生产的目的上。但二者有时也会产生矛盾，有的企业和从业人员为了眼前利益，采取“杀鸡取蛋，竭泽而渔”的经营办法，大利大干，小利小干，无利不干，方便的活干、轻松的活干，脏活、累活不干，马虎搪塞，不负责任，这既有悖于汽车维修职业道德的要求，也是一种自毁信誉、自砸“牌子”的短期行为，并从根本上损害了企业的长远利益和社会效益。如果企业信誉差、社会效益低下，必然严重影响企业的经济效益。如果失去了全局利益、整体利益、长远利益，最终也会失去个人利益。因此，汽车维修企业的从业人员都应从企业的大局和社会效益出发，把眼光放得远一些，绝不能急功近利而断送企业的未来(图 3-26)。

图 3-26

汽车维修从业人员在职业活动中既不能片面追求企业利润而忽视社会效益，也不能只顾眼前利益而牺牲长远利益，而要从国家利益和社会利益出发，搞好汽车维修工作。由于目前我国道路状况不是很好，再加上车辆的内在状况和技术状况也不尽人意，汽车维修从业人员承担的维修任务很重。为了保证车辆安全、正点，修理工经常是在别人吃饭、休息时加班加点工作，还要经常抢修旅途中的故障车辆，因此，维修人员是辛苦的，但也是光荣的。必须具备无私奉献的精神，才能搞好工作。

3. 正确认识和处理汽车维修经营业户与车主、客户之间的关系

有分工，就要有协作，分工与协作同是社会化大生产的客观要求。汽车维修经营业户要履行好自己的"天职"，与"左邻右舍"搞好关系，就必须正确处理好与车主、客户之间的关系。

要正确处理汽车维修企业与车主、客户的关系，首先要做到一切从用户的利益出发。一般情况下，用户修车一是要求质量好；二是要求修理期限短。这就要求汽车维修各工种之间要紧密配合，互相协调，严格按照作业计划完成生产任务，保证不误工期。有时，碰到特殊情况，用户要求尽量缩短维修工期，这时候作为修理人员来说，就要发扬急用户所急，想用户所想的精神，即使加班加点，也要千方百计在限定的时间内完成维修工作。对临时报修的车辆要及时投入抢修，排除故障，绝不让驾驶员带"病"出车。特别是重大节日和车辆在运行途中发生故障，修理工要直接到运输一线或故障现场抢修车辆。在修理过程中要吃苦耐劳，发扬不怕苦、不怕累、不怕脏、连续苦战的精神，确保"人便于行、货畅其流"。其次，要尊重和热爱服务对象，对驾驶员和客户不分亲疏，耐心细致。此外，还必须有完善的服务规章和设施。如在维修工作中，开展微笑服务，使用文明用语，主动、热情地招呼顾客，虚心征求他们对维修工作的意见和建议，耐心解释他们提出的问题，并为他们提供力所能及的服务。

汽车维修企业直接为汽车的安全运行服务。汽车驾驶与汽车修理作为汽车运输行业中的两个主要工种，同处在汽车运输生产的第一线，二者之间的关系非常紧密。驾驶员需要修理工按时提供安全可靠、技术完好的车辆；而驾驶员对车辆的爱护程度、例行维护工作做得好坏，又直接关系到修理工的工作质量。实践证明，汽车维修企业与车主、用户之间团结协作搞得程度如何，关键是看我们维修企业和企业中每一个从业人员，是否有全心全意为用户和驾驶员服务的思想，是否有识大体、顾大局的高尚品德。

图 3-27

有些大型企业及专门从事汽车运输的单位，一般都拥有自己比较完备的汽车维修能力。在这些单位的汽车维修人员，就要坚持一切从企业的生产出发，使自己的一切职业活动服从企业生产这个全局。如逢年过节期间，修理工要根据工作需要，直接到货场、服务站点等运输生产现场服务。对在旅途中发生故障的车辆，修理人员接到抢修报告以后，应迅速携带维修机具，奔赴车辆故障发生地，就地抢修。要急旅客、货主、驾驶员之所急，尽一切可能为他们提供快捷、方便、周到的服务（图 3-27）。

4. 正确处理汽车维修行业内部各工种之间的关系

汽车维修行业是一个多工种的集合体。这些工种一般分为若干个组或早、中、夜班协同作业,其共同的目的是为用户、车主提供经过维护、修理后的优质车辆。因此,要搞好汽车维修工作,同样需要有识大体、顾大局、团结协作的思想境界。比如,在维修一辆车的过程中,有时需要几个工种一齐上,有时也会因工序关系需要先后分头搞,有时这个工种做到一半需要另一个工种的同志予以配合,有时在拆修同一台发动机时需要几个不同工种的同志同时作业。这就出现了相同岗位之间、不同岗位之间、班与班之间、组与组之间、上一班与下一班之间的交叉与衔接问题。如果大家都能各负其责,各司其职,团结协作,发扬风格,紧密配合,就会出速度,出质量,出成果。反之,如果不团结、不协作、相互扯皮、相互埋怨,就会影响工作,耽误进度,也很难保证质量(图 3-28)。

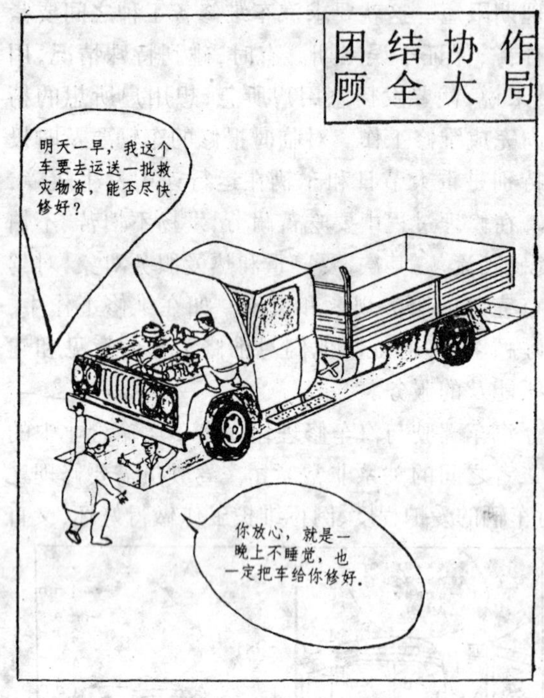

图 3-28

搞好团结,发扬风格,相互支持,相互理解,密切配合,才能保质保量地完成车辆维修任务。要搞好团结,必须注意做到相同岗位人员之间相互关照、相互支持,不能你推我也推,只看不干;不同岗位人员之间要发扬风格,互相体谅,不能互相扯皮,互不相让;同志之间要宽以待人、助人为乐,不为细碎的小事所左右;师徒之间要做好传、帮、带,互帮互学,互尊互爱,取长补短,共同提高;班组长对组员要大公无私,平等待人,吃苦在前,享受在后,不能只有要求,没有关心;组员对班组长要支持配合,尊重服从,不能只说不做,或背后拆台。只有这样,才会出现一个宽松、融洽、和谐的环境。只有在这样的环境里,才能鼓舞人们的劳动情绪,调节人们的劳动强度,增进职业活动的效能,提高维修工作的效益。

5. 建立团结、友爱、平等、互助的社会主义新型关系

建立团结、友爱、平等、互助的社会主义新型关系,是社会主义汽车维修职业道德的基本要求,也是加快汽车维修行业的发展,提高汽车维修企业经济效益和社会效益的基本条件。在一个社会集体中,友谊、团结、谅解比什么都重要,建立新型的人际关系,就要做到相互理解,相互支持,互帮互爱,互尊互敬。同志之间,宽以待人,严以律己,诚恳谦虚,与人为善;上下级之间,尊重领导,爱护同志,服从指挥。但在现实生活中,也确实存在着一些影响团结的不利因素,如自由主义、骄傲自满,小团体思想、个人主义等,这些都是利己主义道德观和行帮职业习惯在现实当中的反映,是一种腐蚀剂,它的存在直接影响到单位之间、部门之间、同志之间的团结,影响到汽车维修从业人员的思想道德建设。我们必须注意防止和克服这些影响团结的不良倾向,大兴团结协作、顾全大局之风。

目前,随着企业改革的不断深化,各种利益关系的调整,需要广大汽车维修从业人员进一步树立顾全大局、团结协作的精神,正确地行使职业权利,履行职业义务,在工作中互相尊重,互相支持,互相帮助,减少摩擦,形成合力,只有这样,才能不断推动企业改革的深化,保证各项

生产任务的顺利完成。

第六节　勤俭节约　爱护器材

勤俭节约、爱护器材是汽车维修职业道德规范的重要内容之一，这一道德规范体现了人与物质财富的道德关系以及对公共财产的珍惜与维护，是汽车维修从业人员对待劳动、工作的正确态度和主人翁精神的道德反映。在社会主义初级阶段，大力提倡这一传统美德，具有重大的经济意义和道德意义。

一、勤俭节约、爱护器材的含义

1. 勤俭节约的含义

勤俭节约，是指人们在生产活动和生活过程中，勤劳节俭，努力多生产国家经济建设和人民生活所需要的物质财富，并爱惜、节俭使用生产设备、原材料和一切公共财产，努力降低生产成本和费用的一种职业行为。勤俭节约主要包含着两个方面的含义，一是勤劳，二是节俭。即通过勤奋的劳动“开源”“节流”。勤俭节约这一道德规范要求汽车维修从业人员在职业活动中，勤于劳作，努力工作，多修快修，努力缩短维修车辆的维修工期，优质高效地为社会提供更多的服务，努力提高劳动生产率，提高企业的经济效益。在维修生产中，精打细算，挖潜节能，提高资金、设备、原材料的利用率，降低成本，尽量避免损失和浪费。

勤俭节约是我们发展生产，为社会增加财富的一个基本条件。勤俭节约的实质，就是从国家和人民的利益出发，从四化建设的需要出发，在职业活动中，合理地使用财力、物力和人力，精打细算，节约开支。

2. 爱护器材的含义

爱护器材，是指人们在职业活动中，精心管理、使用和爱护生产设备、工具、原材料和一切公共财产的职业行为。器材主要指机器设备、工具和原材料。对于汽车维修企业来说，爱护器材，就是要求汽车维修从业人员熟悉机器设备、工具的结构、性能，熟练地掌握操作技术，机器设备勤洗擦、勤维护、勤维修，避免违章使用和超负荷运转，延长机器设备和工具的使用寿命，使企业的维修生产始终建立在最佳的物质技术基础之上，以求获得最经济的器材寿命周期费用和最高的综合效率。

3. 勤俭节约、爱护器材是中华民族的传统美德

爱物惜物，利用厚生是中华民族的优良传统。爱护器材是社会主义爱护公共财物道德规范在汽车维修职业道德中的具体反映。在社会主义社会，关心和爱护公共财物是社会公德的一项重要内容。爱护公共财物，从表面上看，它是讲人与物的关系，并不构成道德问题，但是，在人与物关系的背后，却包含着个人与社会的关系。因为在社会主义社会，社会财富中除了个人消费的部分由个人直接支配外，不论物质资料或精神资料，都是做为社会整体和劳动者集体所有的公共财产，这部分公共财产构成了全体社会成员的利益。因此，一个人对社会整体利益的道德责任感，不仅应当体现在对人民的忠诚，体现在对社会公共事业和进步活动中的主动性、创造性和自我牺牲精神，而且应当体现在对公共财物的珍惜与维护上。从一定意义上说，爱护公共财物，是衡量一个人道德品质是否形成及其完善程度的重要标志。早在建国初期，我们党根据社会主义革命和建设的要求，就把“爱护公共财物”规定为“国民公德”的基本要求之一。《中华人民共和国宪法》明文规定：社会主义的公共财产神圣不可侵犯，公民必须爱护和保

卫公共财产。在我国进入社会主义现代化建设的新时期,大力提倡爱护和保护公共财物,不仅具有重大的经济意义和政治意义,而且也具有重大的道德意义。我们进行社会主义现代化建设,光靠人力是不行的,还必须有足够的财力和物力。而珍惜这些财力和物力,爱护公共利益,是每一个公民必须具备的社会公德,也是对国家和集体应尽的责任和义务。

我国的汽车维修行业历来就有勤俭节约、爱护器材、艰苦奋斗的优良传统。尤其是解放以后,汽车维修战线上的广大从业人员,在中国共产党的领导下,发扬艰苦奋斗、勤俭节约的精神,白手起家,依靠自己的力量,在平凡的工作岗位上不畏艰苦劳累,克服了种种困难,为汽车维修事业的发展作出了应有的贡献。建国初期,为了迅速恢复国民经济,发展生产,1950 年,中央财经经济委员会组织了全国大规模的整修旧废汽车活动,当时,所整修的废旧汽车多为第二次世界大战后期的美制军车,也有一部分民用汽车,其车型多达 40 多种,广大汽车维修人员克服了对诸多车型性能、规范都不熟悉,及原材料、配件十分缺乏的困难,自力更生,采用拆、拼、改、代、制等方法,顺利地完成了这一任务。不仅为恢复公路运输提供了急需的运力,而且提高了汽车维修水平,培养和锻炼了汽车维修队伍,并为日后我国大规模地成批组装车辆、生产国产汽车奠定了基础。在国家经济困难时期,在能源供应严重不足的时期,我国的汽车维修人员以高度的主人翁责任感,充分发挥主动性和创造性,将燃油汽车改制成使用"沼气"和"烧煤"的汽车,并在保证维修质量的前提下,修旧利废,挖潜节能,主动节省一分钱、一度电、一个垫片、一个螺栓,为国家分忧解难,保证了交通运输生产的正常运行,促进了经济的发展。

在长期的职业活动中,无数汽车维修从业人员不辞劳累,辛勤工作,勤俭节约,爱厂如家的主人翁责任感为我们树立了光辉的榜样。当前,随着我国汽车维修事业的发展,我们无论在工作条件、工作环境还是技术装备等方面都有了很大的改观,尽管条件和环境比以前好了,但勤俭节约、爱护器材、艰苦奋斗的传统和作风不能丢。汽车维修从业人员要继承和发扬勤俭节约、爱护器材、艰苦奋斗的光荣传统,从我做起,从现在做起,从点滴做起,自觉养成勤俭节约、爱护公物的良好习惯(图 3-29)。

图 3-29

二、勤俭节约、爱护器材的意义

勤俭节约、爱护器材、艰苦奋斗在我国汽车维修事业的发展过程中起了十分重要的作用。但随着社会的发展,汽车维修生产条件的改善以及人民生活水平的提高,部分汽车维修人员以为勤俭节约、爱护器材、艰苦奋斗的作风已经过时,从而滋长了贪图舒服、追求享受、大手大脚、铺张浪费的思想。这不仅腐蚀了职工队伍,阻碍了汽车维修事业的发展,而且还给全社会的物质文明和精神文明建设带来了不良影响。因此,大力提倡和发扬勤俭节约、爱护器材、艰苦创业的光荣传统和作风,对加强汽车运输企业职业道德建设仍具有十分重要的意义。

1. 勤俭节约、爱护器材是我国基本国情对汽车维修从业人员职业行为的客观要求

我国是一个社会主义大国,但又是一个经济比较落后的国家。早在建国初期,毛泽东同志

就反复告诫全党要勤俭节约,并把勤俭节约作为社会主义建设的基本方针。他说:“要使全体干部和全体人民经常想到我国是一个社会主义大国,但又是一个经济落后的穷国,这是一个很大的矛盾。要使我国富强起来,需要几十年艰苦奋斗的时间,其中包括厉行节约,反对浪费这样一个勤俭建国的方针。”我国目前还处在社会主义初级阶段,与发达国家相比尚有很大的差距。社会主义现代化建设必将是一个艰难的过程。正如邓小平同志所说:“中国搞四个现代化,要老老实实地艰苦创业。我们穷,底子薄,教育、科学、文化都落后,这就决定了我们还要有一个艰苦奋斗的过程。”我国的基本国情决定了我们必须坚持艰苦奋斗、勤俭建国的方针,必须精打细算地使用有限的财力、物力,珍惜和爱护我们赖以生存的物质基础和劳动成果。培养和树立艰苦奋斗、勤俭节约光荣,奢侈浪费、贪图舒服可耻的观念,坚决反对讲排场、摆阔气、铺张浪费、享乐主义、大手大脚等思想和行为,勤奋工作,开源节流,励精图强,艰苦创业。

我国现阶段的主要历史任务是加快发展生产力,但加快发展生产力又受到人口多、底子薄、财力物力不足等诸多因素的制约,这就要求我们必须牢固树立勤俭节约、爱护器材、艰苦创业的思想观念和道德观念。不断加强勤俭节约、爱护器材、艰苦奋斗的道德修养,规范自己的行为,指导自己的职业活动,才能逐渐使自己养成热爱劳动、勤奋工作、珍惜劳动成果,爱护公共财物的良好职业道德。

2. 勤俭节约、爱护器材是加强汽车维修职业道德建设的需要

勤劳节俭、珍惜劳动成果、爱护公共财富是我国劳动人民在长期从事生产活动中逐渐形成的道德意识和传统美德。这一美德的形成,是与劳动人民的本色和生产活动直接相连的。“每一食,便念稼穑之艰难;每一衣,则思纺绩之辛苦。”“一粥一饭,当思来之不易;半丝半缕,恒念物力维艰。”“谁知盘中餐,粒粒皆辛苦。”“今餐要思来餐饿,春暖要思冬日寒。”便是这种朴素感情的真实写照。劳动人民从事生产劳动,在长年的生产实践中,亲身体会到了劳动的艰辛和意义,逐渐形成了勤于劳作、爱物惜物,珍惜劳动果实的情感,并把它作为衡量一个人品质优劣的标准之一。汽车维修人员作为社会主义的劳动者,勤俭节约、爱护器材、艰苦创业不仅是社会对我们的要求,同时也是劳动人民世代相传美德的体现,是汽车维修事业自身发展的需要。如果汽车维修人员害怕艰苦、厌恶劳动,不珍惜劳动成果,不爱护设备,盲目追求超前消费,就会逐渐产生懒惰、贪欲、自私自利、大手大脚、贪图安逸的心理,这不仅与劳动人民的道德情感背道而驰,而且也会严重影响自身的形象和汽车维修事业的健康发展。因此,我们提倡和强调勤俭节约、爱护器材、艰苦奋斗的道德规范,并不仅仅是由于我们国家人口多、底子薄、物质产品不丰富,更重要的是它包含着对别人劳动的尊重和对劳动成果的爱护,它体现了汽车维修从业人员对待物质财富的道德关系和对劳动人民的感情,是一种道德要求。要坚持和发扬勤俭节约的优良传统和作风,不论在任何时候,任何情况下,都要励精图治,勤俭节约,珍惜和爱护劳动成果和社会财富。

勤俭节约,爱护器材,艰苦创业,不仅是物质文明建设的需要,也是精神文明建设的需要,是汽车维修职业道德建设的需要。汽车维修事业的发展,需要有一大批有理想、有道德、有文化、有纪律的社会主义新人。而勤俭节约,爱护器材,艰苦创业是培养“四有”新人的重要内容,是无产阶级世界观和人生观的必然反映。在人类社会的发展过程中,人们为了实现美好的理想,不怕艰难困苦,进行顽强拼搏的精神及人们在创造物资财富的过程中,勤劳节俭,爱物惜物的道德情感,体现了人们对社会发展客观规律的正确认识,体现了人们正确的价值观和人生态度。因此,提倡和发扬勤俭节约、爱护器材、艰苦创业的职业道德,有利于树立正确的世界观和人生观,有利于培养劳动人民的感情,也有利于汽车维修人员的健康成长。

勤俭节约、爱护器材、艰苦奋斗也是加强汽车维修行业行风建设的重要手段。在汽车维修行业中,行业不正之风最突出的是"以业谋私",有的修理工上班马马虎虎,下班搞"地下修理",利用掌握的技术,拿企业的工具配件材料,捞外快,谋私利,或采取不正当的经营手段,招揽业务,赚取不义之财,中饱个人私囊。这种不正之风的实质说到底是怕苦怕累,图舒服,是享乐主义的表现,是缺乏艰苦奋斗、勤俭节约的精神。如果汽车维修从业人员人人都能艰苦奋斗,勤俭节约,爱厂如家,那么行业不正之风就会得到纠正。因为优质、文明都讲一个"勤"字,汽车维修人员只有在平时不怕辛苦,勤奋工作,爱厂惜物,才能真正为用户提供优质、文明的服务。因此,提倡勤俭节约、爱厂惜物、艰苦奋斗的良好职业道德,就能有效地抑制不正之风的侵蚀,逐步形成正确的职业观、金钱观、致富观,牢固树立勤劳致富的思想,并在职业活动中以苦为乐,勤勤恳恳,廉洁奉公,文明服务,从而推动汽车维修行业行风建设的健康发展。

3. 勤俭节约、爱护器材是提高汽车维修经济效益的重要途径

提高经济效益,是当前企业面临的一个重要课题。汽车维修企业要取得较好的经济效益,就要用最少的物资消耗,为社会提供更多更好的维修服务。对一个企业来说,勤俭节约,爱护机器设备,延长其使用寿命就等于在同等消耗的情况增加了产品,提高了企业的经济效益,增强了企业的竞争能力,职工可以多增加收入。为企业节约一度电、一滴水,一个螺钉、一个垫片,就是为企业多出一份力,为国家多分一份忧。一个人的能力有大小,但是否有这点精神,则能够反映出从业人员对待企业的态度,能够反映出从业人员主人翁意识的强弱。对于汽车维修行业的从业人员来说,他们虽然不直接为国家提供制成品,但是,他们却可以在提供劳务服务的过程中,在保证维修质量的前提下,通过修旧利废,控制消耗,节约材料,降低维修成本,延长机器设备和工具的使用寿命,为企业增收节支,为国家多做贡献。

勤俭节约、爱护器材、增收节支是立业之本,兴业之道。从我国汽车维修行业的发展来看,建国以后,特别是党的十一届三中全会以来,我国的汽车维修事业获得了前所未有的发展。但与发达国家相比,差距还很大,还远远不能满足国民经济和汽车运输业迅速发展的需要,因此,在汽车维修现代化建设的过程中,只有发扬勤俭节约、爱护器材、艰苦奋斗的精神,才能以最小的投入,争取最大的产出,使企业取得良好的经济效益。

三、勤俭节约、爱护器材的具体要求

勤俭节约、爱护器材作为汽车维修职业道德的重要内容,是社会主义职业道德规范在汽车维修职业道德中的具体反映。每一个汽车维修从业人员都要认真培养这一高尚品质,并将其落实到自己的职业活动之中。

1. 艰苦创业,爱厂如家

汽车维修从业人员在职业活动中,能否做到勤俭节约,爱护器材,关键要看是否有艰苦创业、爱厂如家的主人翁精神。所谓主人翁的态度,就是热爱自己的企业,关心企业的命运,自觉维护企业的利益,想主人事,尽主人责,为社会做出应有的贡献。

发扬主人翁精神,就要做到勤俭节约,艰苦创业,爱厂如家。要像关心爱护自己的家庭一样关心爱护自己的企业。要爱护企业的生产设备、工具和其它一切公共财物。注意定期对设备进行保养、修理,按照使用规定进行操作,尽量延长设备的使用寿命;对生产工具,要做到不乱丢乱扔,用后要擦洗干净、摆放整齐。要敢于同一切损公肥私、侵犯公共财物的行为作斗争。在维修作业中,勤俭节约,精打细算,一切从国家利益出发,一切为企业着想。坚决反对那种大手大脚,只图自己方便,不顾国家、企业利益的行为,反对那种对国家财物不负责任,不关痛痒,

随意丢失,任意损坏的"败家子"作风。要关心企业的前途和命运,了解企业的生产经营状况,将企业的兴衰荣辱与个人的利益紧密地联系在一起,自觉维护企业的利益,把工厂当做自己的家一样看待。在维修生产中,积极开动脑筋,经常就企业的生产、经营、管理提出合理化建议,为企业增产节约、增收节支、挖潜增能献计献策。

发扬主人翁精神,就是要立足岗位,努力工作,把自己的一切与企业的发展紧密联系在一起。在这方面全国著名劳动模范孟泰为我们树立了光辉榜样:全国解放后,鞍钢遭到了严重破坏,恢复生产遇到原材料奇缺的困难,有些原材料花钱也买不到。面对这种困难,配管工人孟泰挺身而出,不管白天黑夜,刮风下雨,跑遍了十里厂区,刨冰雪抠备件,扒废铁堆找原材料,把各种有用的零部件拣回后,磨砂、擦净、涂油,并按不同的品种、规格分类存放起来,建成了闻名全国的"孟泰仓库",为恢复生产做出了重大贡献。大庆石油工人在铁人王进喜的带领下,经常开展物资回收活动,把破齿轮、破轮胎等都送到修旧利废大院,仔细修整后重新用于生产。只要我们仔细观察就会发现,在我们的工人队伍中,大多数老工人身上都具有勤俭节约、爱厂如家、艰苦创业的职业美德。他们这种职业美德是在我国劳动人民的传统美德熏陶下,在长期的工作实践中经过不断的自我磨练而形成的。现在,虽然条件好了,但老一辈工人阶级的这些优秀品德并没有消失。当你看到一些老工人俯身捡起地上掉落的一颗螺栓、一个垫片时;当你看到他们对社会上一些人为谋私利而不惜浪费国家资财的行为满脸愠色并进行谴责时;当你看到他们默默地修复好徒弟扔掉的零件时,这种主人翁的形象是多么高大!因此,我们要善于从老工人身上吸取这方面的营养,努力培养自己勤俭节约、艰苦创业、爱厂如家的主人翁意识,并以此做为职业良心去规范自己的职业行为。

目前,也有不少从业人员,由于受社会不良风气的影响,爱公物远不如爱私物,爱工厂不如爱家庭。有的车间工段,水龙头流水没人关,油桶倒了没人扶,电灯昼夜通明没人管,工具、原料满地丢,对公共财物的损失、浪费熟视无睹。还有的人认为浪费公家的,又不是个人的,家大业大浪费点没啥,甚至有人顺手牵羊,顺路捎脚,把工厂的材料、工具带回家中,据为私有。所有这些与汽车维修人员职业道德是格格不入的,是严重缺乏主人翁精神的表现。我们必须同这种不道德的思想和行为作斗争。从我做起,树立浪费可耻、节约光荣的思想,养成勤俭节约、爱护公物的良好习惯,让勤俭节约、爱护公物、艰苦创业的主人翁精神在更多的工人身上发扬光大。

2. 精打细算,挖潜节约

万丈高楼是一砖一瓦盖起来的,宏伟的事业是通过艰苦细致的具体工作完成的。每一个职业劳动者都应该坚持"生产和节约并重"的方针,在自己的工作岗位上、在生产劳动中,千方百计、点点滴滴为国家、为企业勤俭节约,时时处处精打细算,增收节支,以促进企业的发展,提高企业的经济效益。

在汽车维修生产中,要做到精打细算,勤俭节约,必须努力做好以下工作:

(1)合理用料,点滴节约。汽车维修从业人员在维修工作中,合理使用原材料是做好节约工作的重要途径。要做到合理用料,就必须尽可能组织集中下料,大小件搭配,合理套裁,该用的用,不该用的不用,能少用的不多用,能省的就省,做到大材大用,小材小用,减少边角余料,尽可能提高原材料的利用率,以最小的原材料消耗换取最大的经济效益。假如每一个职工年年月月坚持不懈地节约一滴油、一颗螺钉、一寸钢、一度电、一块煤、一团棉纱、一块小木板,积累起来就是一笔惊人的财富。第一汽车制造厂底盘厂的4位老工人,常年累月坚持从用空后的油漆桶中倒漆、刮漆,日积月累,10年来共节约油漆价值达30余万元,为国家、为企业做出了应有的贡献。

(2)修旧利废,降低成本。修旧利废是维修企业节约原材料的又一重要途径。在车辆维修过程中,有一部分旧件、废件经过回收、修复、改制后可以重新使用。如废钢铁、铝活塞和铝缸体、缸盖以及因部分机件损坏而更换的总成、有使用价值的壳体和未损坏的零部件等。做好修旧利废工作,既可以“变废为宝”,节约材料,提高企业的经济效益,有利于培养艰苦奋斗、勤俭节约的道德品质,也有利于环境保护,防止某些有毒物质对环境造成污染,如蓄电池的报废极板等。在这方面,北京某汽车维修公司广大职工为我们树立了榜样。该公司坚持每天搜集、清理旧件、废料,经技术鉴定后,分类进行处理。可以继续使用或经过修理或改装后可使用的,就送到仓库备用或旧件门市部酌价出售;没有使用价值的,就送到废品回收点。特别是他们开办的“旧件销售门市部”广为人知。5年时间,累计销售收入255万元,创利润170多万元。许多汽车维修厂的维修人员十分注意勤俭节约,在材料的领用上是算着用,而不是用了算;有时还把旧的铜丝洗涤后再用,而不是用了丢;有的在拆卸零部件时,对比较完好的零部件进行清洗后继续用,而不是图方便,不管好坏全部换新的,造成人为的浪费。因此,汽车维修从业人员要充分认识修旧利废工作的重要意义,克服“修旧利废油水不大”的错误思想,在各自的工作岗位上积极开展旧件、废件的收集、修复、改制工作,做到“能用的不换,能修的不扔”。在保证车辆维修质量的前提下,积极扩大自制修复项目,努力降低原材料费用,降低生产成本,尽量以最小的消耗取得最理想的效果(图3-30)。

图 3-30

这里需要指出的是,一切材料的节约,都应在保证车辆维修质量、确保安全行驶的前提下进行,否则就会事与愿违,得不偿失。

(3)开展节约竞赛,提高节约技术。开展节约竞赛,有利于汽车维修从业人员增强节约意识,提高节约技术,促进节俭风气的形成。通过举办各种形式的竞赛活动,互相交流、互相学习,及时掌握节约原材料的新工艺、新方法,不断探索和总结节约的方法和措施,从而使节约光荣,浪费可耻的观念深入人心,并落实到汽车维修从业人员的职业活动之中,使之成为汽车维修从业人员的良好职业习惯。

3. 提高效率,增产节约

汽车维修行业提倡勤俭节约,还要求汽车维修职工树立效率观念,懂得效率的提高是最大的节约,积极采取各种措施,努力提高工作效率,为企业增产节约。

提高工作效率主要是指一是提高时间效率,不浪费时间,二是加强管理,大搞技术革新和技术改革,提高工作效率。

(1)提高时间效率。对于资财的浪费人们比较容易看得到,但对时间的浪费却很少有人注意到,因而反对的呼声也相对小一些。然而在实际上,其严重性超过资财的浪费。世界上再没有比时间更可宝贵的东西了。古人云:“一寸光阴一寸金,寸金难买寸光阴”。今人说:“时间就是金钱”。在有限的生命里，生命与时间是等同的，所以浪费时间无异于浪费生命。马克思说：“任何节约归根到底是时间的节约”。同样的道理，任何浪费归根到底是时间的浪费。因此，最严重的浪费，就是时间的浪费。工作不讲效率，是对时间的严重浪费。这种人还满有理的说：“你看，我不是一直在干吗?”可是呢，一天的工作干了两天，整整浪费掉一天。还有一种人是很令人讨厌的，自己不珍惜时间，还浪费别人的时间，他们是加倍的浪费者，对他们应当喊一声，请记住鲁迅的话：“浪费别人的时间等于谋财害命。”反对浪费资财，必须同时反对浪费时间，尤其在惜时如命的今天，更应当如此。

(2)加强管理，大搞技术革新和技术改造是提高工作效率的重要途径。这就要求汽车维修从业人员在车辆维修过程中，要在维修设备、工艺流程、操作程序和管理环节上动脑筋，想办法。如大力引进先进设备，大搞技术革新和技术改造，节省工序时间；严格把好质量关，降低返修率；加强各工种的配合与协作。在维修过程中，多修快修，尽量缩短被修车辆的在厂时间，力求用最短的时间、最低的费用完成最多的车辆维修任务，为汽车运输生产提供优良的车辆维修服务。提高车辆维修效率，既可以增强企业车辆维修的能力，降低人力、物力消耗，提高经济效益，也可缩短车辆维修时间，使车辆尽快投入运输生产，从而创造更大的社会效益。

4. 爱护器材、减少损耗

汽车维修企业的维修器材，主要包括维修设备、工具及材料。器材是企业生产的物质基础。每个汽车维修企业都拥有与本企业等级相适应的维修器材，这些器材使用寿命的长短，在很大程度上取决于使用者的使用方法是否得当及爱护、保养的程度。对汽车维修企业来说，爱护器材、减少磨损与消耗，延长其使用寿命，使维修器材发挥最经济的周期费用和最佳的综合效率，无疑是一项很大的节约。因此，爱护和维护好器材，减少磨损，既是勤俭办企业原则的基本要求，又是汽车维修从业人员义不容辞的职责。

要做到爱护维修器材：

(1)必须了解各种维修设备、工具的结构、性能、操作技术和正确的使用方法。“使用得法，一个顶两”。维修设备、工具的磨损、损伤，在许多情况下，是使用者违背其使用规律，操作使用不当造成的。比如，使用红十字螺丝刀，一定要用力顶住螺钉的头部，否则就很可能把螺钉的头部拧坏；使用开口扳手时，必须顺着开口扳手头部的弯曲方向用力，如果方向相反，不但可能拧坏开口扳手的开口，也很容易把螺栓或螺母的六角头拧坏。因此，为了延长设备、工具的使用寿命，减少磨损，汽车维修人员必须了解和掌握各种设备、工具的结构、工作原理和正确的使用方法，掌握各种工具、设备在各种条件下的磨损、损伤规律，善于根据不同的工作情况，采取正确的操作和使用方法，尽可能符合其使用规律。如对刀具的使用，应按工件材料加工精度的不同，合理选择切削速度。对夹具的使用，须在严格检查夹紧机构的可靠性后方得使用，并要选择合适的基准面安装，以防止摇动，在使用完毕后，还要擦净上油。对量具的使用，应使工件完全处于静止状态，并擦净测量面及量具后再测量，使用后必须擦净上油，妥善放入规定的量具盒内。要严禁小具大用，精具粗用，更不得乱用和任意挪用。要合理安排设备的加工对象和生产负荷，每台设备都有严格的加工范围、加工性能和生产负荷，不能随意进行变动，不能大机小用，更不能随意改变或增加设备规定的负荷等等。只要我们认真分析、研究各种工具、设备的使用规律，在工作过程中严格遵守其使用规定，正确安装和操作，使用得法，就能在一定程度上减少工具、设备的磨损，延长其使用寿命。

(2)要加强对工具、设备、配件的维护、保养与管理。无论是车辆还是其它维修工具、设备，经过一定时间的使用后，其零部件会逐渐产生松动、磨损、损伤；暂时闲置不用的工具、设备、配件，时间一长也会发生锈蚀损伤。因此，经常对工具、设备、零配件进行检查、维护，勤擦、勤洗、勤润滑，发现问题及时修理，使工具、设备始终处于良好的技术状况(图3-31)。

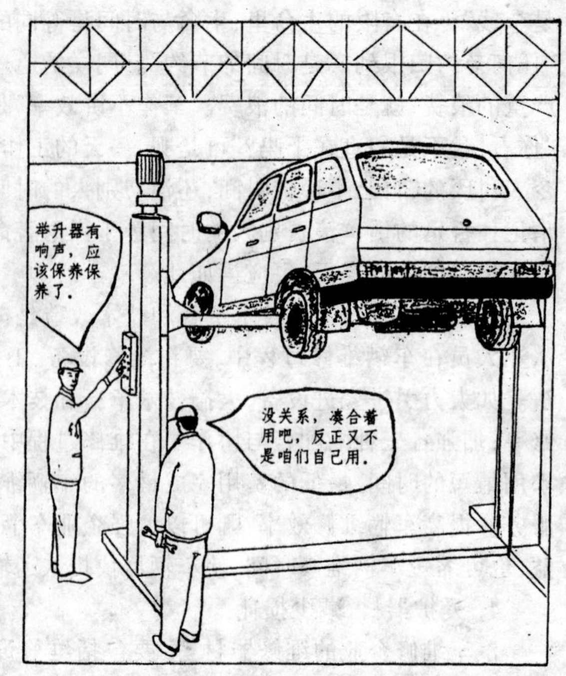

图 3-31

(3)要建立和健全工具、设备、材料管理制度。配件入库后，要根据各类配件的性能、包装等情况，分别加以妥善保管，做到防锈、防尘、防潮、防震、防腐、防变质、防漏电等。做到立牌立卡，合理摆放，账、卡、物相符。工具和设备、配件要指定专人负责保管，重要设备和精密仪器、仪表，要由专门的技术人员或有较高技术水平的工人负责掌握，精心保管。公用设备如钻床、砂轮机等，要由车间指定专人负责管理，管理人对使用设备的其他人员有监督权，要严格工具的领用和借用手续。凡是规定需领用工具的操作工人，应该设立工具箱，工具箱内应做到工具分类摆放，整齐清洁。常用工具由操作工人向车间工具室办理常借手续；对不常用的工具，由车间工具室统一保管，班组个人凭工具借用证向工具室借用；对那些与安全、质量有密切关系的工具的借用，要严加管理，精心保管，确保工具的精度，延长其使用寿命。

汽车维修人员对企业的每项设备、工具、零配件等都要爱护倍至，管好用好维护好这些维修器材，延长其使用寿命，不仅是汽车维修人员的神圣职责，也是为国家、为企业节约开支、提高经济效益的重要途径。

参 考 文 献

1 李福来.汽车运输职业道德.北京:人民交通出版社,1995.

2 王伟.道德、公德、职业道德.北京:工人出版社,1986.

3 董操.职业道德简明教程.济南:山东省教育出版社,1988.

4 罗文东.新时期职业道德读本.北京:中国法律出版社,1999.

5 邵传烈.漫话道德修养.上海:上海人民出版社,1981.

6 中华人民共和国交通部.交通职业道德.南宁:广西人民出版社,1995.

7 交通部政治部宣传部.交通职业道德简明教程.北京:人民交通出版社,1988.

8 袁诚.汽车驾驶心理学.天津:解放军出版社,1989.

9 上海市教育局.汽车维修职业道德.上海:上海科技出版社,1991.

10 徐兴龙.汽车营运须知.北京:解放军出版社,1996.

11 家振.开车致富 300 问.北京:解放军出版社,1998.

12 姜俊清.交通法规漫话.哈尔滨:东北林业大学出版社,1996.

13 钟明钊.竞争法.北京:中国法律出版社,1997.

14 全国总工会宣教部.新时期职工思想道德修养读本.北京:中国工人出版社,1997.

15 罗国杰.思想道德修养.北京:高等教育出版社,1998.

16 宋宜昌.道路交通事故处理手册.北京:科学普及出版社,1997.

17 李春秋.职业与职业道德.青岛:青岛出版社,1997.